机械装配与调试

主　编　傅士伟　乐旭东

副主编　李定华　倪燕萍

ZHEJIANG UNIVERSITY PRESS
浙江大学出版社

图书在版编目（CIP）数据

机械装配与调试 / 傅士伟，乐旭东主编. —杭州：
浙江大学出版社，2015.6（2025.8重印）
ISBN 978-7-308-14639-5

Ⅰ. ①机… Ⅱ. ①傅… ②乐… Ⅲ. ①装配（机械）
－中等专业学校－教材②机械设备－调试方法－中等专业
学校－教材 Ⅳ. ①TH16

中国版本图书馆 CIP 数据核字（2015）第 082344 号

内容简介

　　本书以采用项目形式编写，主要介绍机械的装配与调试基础知识及相关技巧。全书共 7 章，第 1 章介绍机械装调的基础知识及 7S 规范；第 2 章介绍常用工量具的认识和使用；第 3～5 章介绍螺纹、轴类、带轮、齿轮等常见零部件的装调；第 6 章介绍 THMDZT-1 与 THMDZP-2 两型机械装配技能综合实训平台各部件及综合机械系统的装调；第 7 章介绍港口机械的装调。

　　本书可用作中等职业技术学校机电类相关课程的教材，也可作为机械工程技术人员的参考用书。

机械装配与调试

主　编　傅士伟　乐旭东
副主编　李定华　倪燕萍

责任编辑　王　波
封面设计　刘依群
出版发行　浙江大学出版社
　　　　　（杭州市天目山路 148 号　邮政编码 310007）
　　　　　（网址：http://www.zjupress.com）
排　　版　杭州好友排版工作室
印　　刷　浙江新华数码印务有限公司
开　　本　787mm×1092mm　1/16
印　　张　11.75
字　　数　293 千
版 印 次　2015 年 6 月第 1 版　2025 年 8 月第 10 次印刷
书　　号　ISBN 978-7-308-14639-5
定　　价　39.00 元

前　言

《机械装配与调试》作为中等职业技术学校机电类专业开设的一门专业课,具有较强的实践性,通过本门课程的学习,有助于学生系统性地学习机械装调的相关知识,掌握机械装调中的操作方法和技巧,增强动手实践能力,培养创新意识和创新能力,提高包括"7S"在内的综合素质,培养良好的职业规范。

本书根据中等职业院校对于机械装调课程的要求进行编写,全书共分为7章:第1章机械装调的基础知识及7S规范;第2章常用工量具的认识和使用;第3~5章螺纹、轴类、带轮、齿轮等常见零部件的装调;第6章 THMDZT-1 与 THMDZP-2 两型机械装配技能综合实训平台各部件及综合机械系统的装调;第7章港口机械的装调。

通过本课程的学习应达到以下要求:

1. 了解机械装配的组织与实施方法和装配的一般原则;

2. 了解"7S"规范并能将其运用到实际生产生活中;

3. 掌握各类机械装配工具与量具的使用方法和工作原理;

4. 掌握识读和编制装配工艺规程的能力;

5. 掌握常用零部件的基本理论知识和装配方法;

6. 掌握机械零部件的拆装方法,并具有初步的系统故障分析能力;

本书在编写过程中顺应中等职业教育改革方向,采用项目、任务形式编写,力求贴近实际,注重以工作过程为纽带,遵从学生认知;以职业活动为基础,重构教学体系;以学习任务为引导,学材源于实际;以人才培养为目标,营造仿真环境。本书同时结合职业岗位培训特点和职业资格鉴定的要求,实用性和可操作性较强。另外,在对常见机械结构进行讲解的基础上,本书结合本地区实际介绍了港口作业中常见的设备,并择要对主要机械零部件的装调进行介绍,使本书富有浓厚的海洋特色。

本书由舟山技师学院港口机电部的傅士伟、乐旭东、李定华、倪燕萍编写,其中傅士伟、乐旭东为主编,李定华、倪燕萍为副主编。同时本书在编写过程中得到了舟山港股份有限公司葛恩军工程师与浙江天煌科技实业有限公司马传忠工程师的大力支持和帮助,编者在此一并表示衷心感谢。

本书可用作中等职业技术学校机电类相关课程的教材,也可作为机械工程技术人员的参考用书。由于编者水平有限,书中难免存在缺点和错误,恳请广大读者批评指正。

本书教学资源下载地址:www.51cax.com,下载序列号为jxzt。

作　者

2015 年 3 月

目　　录

第1章　走进机械装调

1.1　机械装配概述

一部机械产品往往由成千上万个零件组成,装配就是把加工好的零件按一定的顺序和技术连接到一起,成为一部完整的机械产品,并且可靠地实现产品设计的功能。它包括装配(部装和总装)、调整、检验和试验等工作。装配处于产品制造所必需的最后阶段,产品的质量(从产品设计、零件制造到产品装配)最终通过装配得到保证和检验,因此装配是决定产品质量的关键环节。研究制订合理的装配工艺,采用能够有效保证装配精度的装配方法,对进一步提高产品质量有着十分重要的意义。

1.1.1　机械装配的基本概念

任何产品都由若干个零件组成,为保证有效地组织装配,必须将产品分解为若干个能进行独立装配的装配单元。

零件是组成产品的最小单元,它由整块金属(或其他材料)制成。机械装配中,一般先将零件装成套件、组件或部件,然后再装配至成品。

套件是在一个基准零件上,装上一个或若干个零件而构成,它是最小的装配单元(图1-1)。套件由基准零件和其他零件组合而成,基准零件的作用是连接相关零件和确定各零件的相对位置,一个套件中只能有一个基准零件。为套件而进行的装配称为套装。套

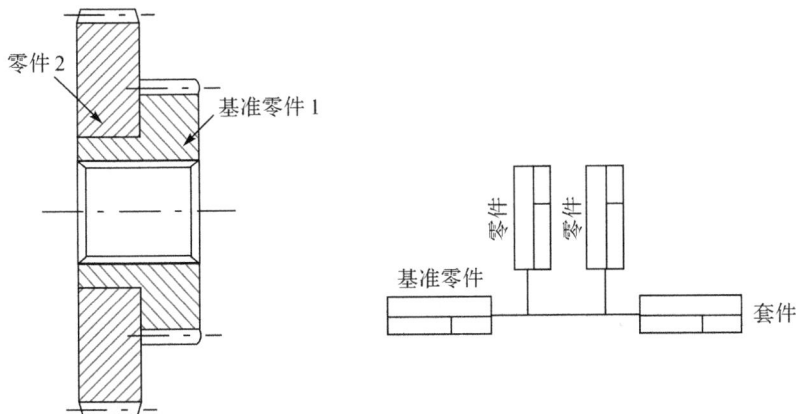

图 1-1　套件与套件装配系统图

件因工艺或材料问题需要分为零件进行制造,但在以后的装配中可作为一个零件不再分开,如双联齿轮等。

组件是在一个基准零件上,装上若干套件及零件而构成,组件中唯一的基准零件用于连接相关零件和套件,并确定它们的相对位置(图 1-2)。为形成组件而进行的装配称组装。组件中可以没有套件,只由一个基准零件加若干个零件组成。它与套件的区别是组件在以后的装配中可拆卸,如机床主轴箱中的主轴组件等。

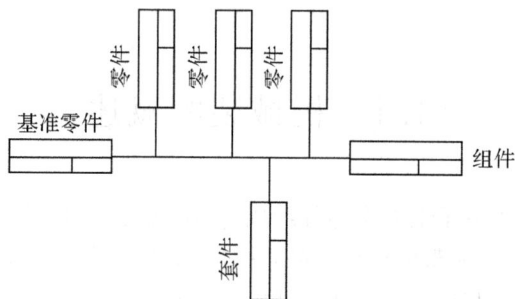

图 1-2　组件装配系统图

部件是在一个基准零件上装上若干组件、套件和零件而构成(图 1-3)。部件中唯一的基准零件是用来连接各个组件、套件和零件,并决定它们之间的相对位置的。为形成部件而进行的装配称部装,部件在产品中能完成一定的完整的功用,如机床中的主轴箱等。

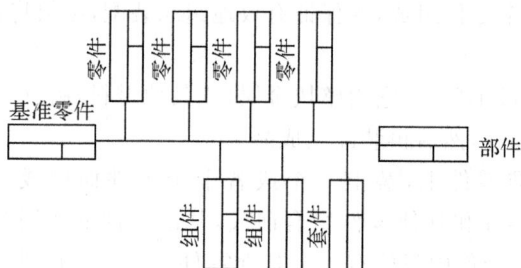

图 1-3　部件装配系统图

在一个基准零件上装上若干部件、组件、套件和零件就成为整个产品。同一部产品中只有一个基准零件,其作用与前述相同。为形成产品的装配称总装,如卧式车床便是以床身作基准零件,装上主轴箱、进给箱、溜板箱等部件及其他组件、套件和零件构成。

按照规定的技术要求,将若干个零件组成组件、部件或将若干个零件组成的组件、部分组成产品的过程,称为装配。

1.1.2　机械装配的基本工作内容

一、清洗

主要目的是去除零件表面或部件中的油污及机械杂质。

二、连接

装配中的连接方式有两类:可拆连接和不可拆连接。可拆连接是指在装配后可方便拆卸而不会导致任何零件的损坏,拆卸后还可方便地重装的连接,如螺纹连接、键连接等。不可拆连接是指装配后一般不再拆卸,若拆卸往往损坏其中的某些零件的连接,如焊接、铆接等。

三、调整

包含平衡、校正及配作等。平衡指对产品中旋转零部件进行平衡以防止产品在使用中出现振动,包括静平衡和动平衡。校正指在产品中各相关零部件间找正相互位置,并通过适当的调整方法,达到装配精度的要求。配作指两个零件装配后固定其相互位置的加工,如配钻、配铰等。亦有为改善两零件表面结合精度的加工,如配刮、配研及配磨等。配作一般需与校正调整工作结合进行。

四、检验和实验

产品装配完毕,应根据有关技术标准和规定,对产品进行较全面的检验和实验工作,测试合格后方准出厂。装配工作除上述内容外,还有油漆、包装等。

1.1.3 装配的要求

(1)熟悉设备装配图、技术说明和设备结构,清扫装配现场,准备好装配的场地和所用的工器具、材料和设备。

(2)对零部件进行检查,包括外观检查和配合精度检查,并做好检查记录。

(3)清洗零部件并涂上润滑剂,设备装配配合表面必须洁净并涂上润滑剂(有特殊要求的除外)以防配合表面生锈,便于拆卸。

(4)组合件的装配应从小而大,从简单到复杂。

(5)部件由组件装配而成。

(6)总装配由部件装配而成。

(7)试运转和检查时应进行必要的调整。

1.1.4 装配的一般原则

为了提高装配质量,必须注意以下几个方面:

(1)仔细阅读装配图和装配说明书,并明确装配技术要求。

(2)熟悉各零部件在产品中的功能。

(3)如果没有装配说明书,则在装配前应当考虑好装配的顺序。

(4)零部件和装配工具都必须在装配前进行认真的清洗。

(5)必须采取适当的措施,防止脏物或异物进入正在装配的产品内。

(6)装配时必须使用符合要求的紧固件进行紧固。

(7)拧紧螺栓、螺钉等紧固件时,必须根据产品的装配要求使用合适的装配工具。

(8)如果零件需要安装在规定的位置上,必须在零件上做好记号,安装时须根据标记进行装配。

(9)装配过程中,应当及时进行检查或测量,其内容包括:位置是否正确、间隙是否符合规格中的要求、跳动是否符合规格中的要求、尺寸是否符合设计要求、产品的功能是否符合设计人员和客户的要求等。

1.1.5 装配的发展趋势

一、输送自动化

在满足质量的前提下,提高效率和减轻操作者的劳动强度是所有生产企业的追求,而输送技术是其中最关键的。机械化的链板输送线、空中自行小车或自行葫芦输送线将逐步用于工程机械的部装生产线及轻型零部件装配工序间的输送,形成流水生产线。当然,一些大型工程机械产量较低且工件笨重,固定式的装配将长期存在。

二、设备柔性化

自动化的装配生产线虽然提高了效率和产能,但是多种类、小批量却是工程机械生产的特点。固定式的装配效率低,采用装配生产线可提高效率,但必须具有一定柔性,能实现不同产品或不同批量的装配。因此在设计装配生产线时,必须尽可能多地考虑企业生产不同产品的结构特点,使生产线能够满足多种产品的装配。也可通过更换支架、工装等来实现不同产品的装配。另外,还需考虑生产线的生产节拍在一定范围内可调,以满足不同产品的装配时间。

三、操作人性化

通过自动化输送,可以大大减少操作者对工件的搬运,减轻劳动强度,这是操作人性化的一种表现。平衡式起重机、助力机械臂、专用翻转机、升降平台等装备的应用,将使操作者在装配过程中处于更为舒适的状态。液压压装工装、冷冻和加热装置的使用,使销轴、衬套类零件不再依靠抡大锤敲击的装配方式,可使工人从笨重体力劳动中解放出来。涂胶机和自动拧紧机的使用不仅能提高效率,还降低了工人的劳动强度。由于液压系统对环境清洁度的要求高,装配车间配置冷暖空调也将会成为现实,这也使工人的操作环境大为改善。人性化不仅仅使工人更为舒适,还能使其生产的产品质量处于更加良好状态,人性化是企业发展的必然。

四、新产品虚拟化装配

工程机械产品的更新换代速度正在加快,过去开发一款新产品需要一年乃至更长的时间,其中仅装配就需要数月时间。造成这种情况的原因是由于设计、工艺手段落后,在装配过程中往往出现干涉、错位等现象,不得不进行现场切割、修补以及钻铰等作业,不仅浪费材料,而且耗费时间。三维可视化设计软件的使用,使得产品在设计时就能进行部件及整机的虚拟装配,并对各关键零件进行校核,检查装配时是否会干涉。

1.1.6 机械装调的课程目标

(1)了解机械装配的组织、实施方法和装配的一般原则。

(2)掌握各类机械装配工具的工作原理与使用方法。

(3)了解机械装配的技术术语,并能运用装配技术术语编制装配工艺规程。

(4)熟练掌握常用零部件的基本理论知识和装配方法。

(5)熟练掌握机械零部件的拆卸方法,并具有初步的系统故障分析能力。

(6)了解零件的清洗,无尘室的基本知识和操作方法。

(7)掌握"7S"活动的含义及操作要点,并能在日常装配训练中执行其要求,养成良好的作业习惯。

1.2 "7S"活动机械装调规程

质量是企业的生命,而质量管理是建立在稳固的基础管理上的。"7S"作为一种行之有效的基础管理方式,正在被越来越多的企业认可和采用。

"7S"指的是日文 Seiri(整理)、Seiton(整顿)、Seiso(清扫)、Seiketsu(清洁)、Shitsuke(素养)、Safety(安全)和 Savingb(节约)的第一个字母,共 7 个 S,简称"7S"。

"7S"管理由日本企业的"7S"管理扩展而来,是现代团队行之有效的管理理念和方法。其作用是使学习、生活和实训环境整洁有序,提高效率同时保证品质。

"7S"活动起源于日本,并在日本企业中被广泛推行,相当于我国企业开展的文明生产活动。"7S"活动的对象是现场的"环境",它对生产现场环境全局进行综合考虑,制订切实可行的计划与措施,从而达到规范化管理。"7S"活动的核心和精髓是素养,如果职工队伍的素养没有相应提高,"7S"活动就难以开展和坚持下去。

1.2.1 "7S"活动的内容

一、整理

把要与不要的人、事、物分开,将不需要的人、事、物加以处理,这是改善生产现场的第一步。其要点是对生产现场摆放和停滞的各种物品进行分类,区分什么是现场需要的,什么是现场不需要的。对于现场不需要的物品,诸如用剩的材料、多余的半成品、切下的料头、切屑、垃圾、废品、多余的工具、报废的设备、工人的个人生活用品等,要坚决清理出生产现场。这项工作的重点在于把现场不需要的东西坚决地清理掉。对车间各个工位或设备的前后、通道左右、厂房上下、工具箱内外,以及各个死角,都要彻底搜寻和清理,达到现场无不用之物的程度,坚决做好这一步,是树立好作风的开始。日本有的公司曾提出这样的口号:效率和安全始于整理!

整理的目的是:

(1)改善和增加作业面积。

(2)现场无杂物,行道畅通,提高工作效率。

(3)减少磕碰的机会,保障安全,提高质量。

(4)消除物料管理中可能发生的混放、混料等差错事故。

(5)改变作风,提高工作情绪。

(6)有利于减少库存量,节约空间。

二、整顿

把需要的人、事、物加以定量和定位。通过前一步整理后,对生产现场需要留下的物品进行科学合理的布置和摆放,以便可用最快的速度取得所需之物,在最有效的规章制度和最简捷的流程下完成作业。

整顿活动的要点是物品摆放应具有固定的地点和区域,以便于寻找,消除因混放而造成的差错。物品的摆放地点要科学合理,例如根据物品使用的频率进行摆放,经常使用的东西应该放的近些(如放在作业区内),偶尔使用或不常使用的东西则应放的远些(如集中放在某处)。物品摆放目视化,使定量装载的物品做到过目知数,摆放不同物品的区域采用不同的色彩和标记加以区别。

生产现场物品的合理摆放有利于提高工作效率和产品质量,保障生产安全,这项工作已发展成一项专门的现场管理方法——定置管理。

三、清扫

把工作场所打扫干净,当设备异常时马上修理,使之恢复正常。生产现场在生产过程中会产生灰尘、油污、铁屑、垃圾等,从而使现场变脏。过脏的现场会使设备精度降低、故障多发,影响产品质量,还可能引发安全事故。另外现场环境过差也会影响人们的工作情绪,使人不愿久留。因此,必须通过清扫活动来清除脏物,创建一个明快、舒畅的工作环境。清扫目的是使员工保持良好的工作情绪,保证稳定的产品品质,最终达到企业生产零故障和零损耗

清扫的要点:

(1)自己使用的物品,如设备、工具等,要自己清扫,不要依赖他人,不增加专门的清扫工。

(2)对设备的清扫,应着眼于对设备的维护保养。将清扫设备同设备的点检结合起来,清扫即点检。清扫设备的同时要做好设备的润滑工作,因为清扫也是一种保养。

(3)清扫也是为了改善工作环境,如果清扫地面时发现有飞屑和油水泄漏,要查明原因并采取措施。

四、清洁

整理、整顿和清扫之后要认真维护,使现场保持最佳状态。清洁是对前三项活动的坚持与深入,从而消除发生安全事故的根源,创造一个良好的工作环境,使职工能够愉快地工作。

清洁活动的目的是:

(1)使整理、整顿和清扫工作做为一种惯例和制度,这是标准化的基础,也是企业文化形成的开始。车间的环境不仅要整齐,而且要做到清洁卫生,保证工人身体健康,提高工人劳动热情。

(2)不仅物品要清洁,工人本身也要做到清洁,如工作服要清洁、仪表要整洁,应及时理发、刮须、修指甲、洗澡等。

(3)员工不仅要做到形体上清洁,还要做到精神上"清洁",例如待人讲礼貌,尊重别人等。

(4)使环境不受污染,进一步消除浑浊的空气、粉尘、噪音和污染源,消灭职业病。

五、素养

素养即教养,努力提高人员的素养,养成严格遵守规章制度的习惯和作风,是"7S"活动的核心。没有人员素质的提高,各项活动就不能顺利开展,即使开展了也坚持不了,所以抓"7S"活动要始终着眼于提高人的素质。通过提高素养让员工成为一个遵守规章制度并具

有良好工作素养习惯的人。

六、安全

安全就是清除隐患、排除险情、预防事故的发生，保障员工的人身安全，保证生产连续安全正常地进行，同时减少因安全事故带来的经济损失。

七、节约

节约就是对时间、空间、能源等进行合理利用，发挥它们的最大效能，创造一个高效率、物尽其用的工作场所。实施时应该秉持三个观念：

(1)能用的东西应尽可能利用。

(2)以主人翁心态对待企业的资源。

(3)切勿随意丢弃，丢弃前要思考其剩余使用价值。

节约是对整理工作的补充和指导，由于我国资源相对不足，更应该在企业中秉持勤俭节约的原则。

1.2.2 开展"7S"活动的原则

一、自我管理的原则

良好的工作环境不能单靠添置设备和别人来创造，应当充分依靠现场人员，由当事人自己动手为自己创造一个整齐、清洁、方便、安全的工作环境，使他们在改造客观世界的同时，也改造自己的主观世界，产生"美"的意识，养成现代化大生产所要求的遵章守纪和严格要求的风气习惯，而且自己动手创造的成果，也更容易保持和坚持下去。

二、勤俭节约的原则

开展"7S"活动，会从生产现场清理出很多无用之物，其中有的只是在现场无用，但可用于其他的地方，有的虽然是废物，但应本着废物利用、变废为宝的精神，应千方百计地利用，需要报废的也应按报废手续办理并收回其"残值"，千万不可图一时之快，不分青红皂白地当作垃圾一扔了之。对于那种大手大脚、置企业财产于不顾的"败家子"作风，应及时制止、批评和教育，情节严重的要给予适当处分。

三、持之以恒的原则

"7S"活动开展起来比较容易，可以搞得轰轰烈烈，在短时间内取得明显的效果，但要坚持下去并不断优化就不太容易，不少学校发生过一紧、二松、三垮台、四重来的现象。因此开展"7S"活动贵在坚持，为将这项活动坚持下去，学校首先应将"7S"活动纳入岗位责任制，使每一部门、每一人员都有明确的岗位责任和工作标准。其次要严格、认真地搞好检查、评比和考核工作，将考核结果同各部门和每人的经济利益挂钩。最后要坚持 PDCA 循环，不断提高现场的"7S"水平。要通过检查不断发现问题，不断解决问题，在检查考核后，还必须针对问题，提出改进的措施和计划，使"7S"活动坚持不断地开展下去。

1.2.3 "7S"的作用

(1)"7S"是最佳的推销员(Sales)，通常人们都对被顾客称赞为干净整洁的工厂有信心，乐于下单。口碑相传，就会有很多人来工厂参观学习整洁明朗的环境，使人们希望到这样的

工厂工作;

(2)"7S"是节约家(Saving),它降低很多不必要的材料及工具的浪费,减少了"寻找"的浪费,节省许多宝贵的时间,能降低工时并提高效率;

(3)"7S"是安全的保障(Safety),它造就了宽广明亮、视野开阔的职场,物流简单明了,堆积遵守限制,危险处一目了然,走道明确,不会因杂乱而影响工作的顺畅;

(4)"7S"是标准化的推动者(Standardization),大家都按照规定程序稳定地执行任务,带来品质、成本的稳定;

(5)"7S"使工作场所宽敞明亮,令道路通畅;所以设备都经过清洁、检修,能预先发现存在的问题,从而消除安全隐患。

1.2.4 机械装调中的"7S"要求

一、整理

(1)定期清除不必要的物品。

(2)剩料及时整理。

二、整顿

(1)量具、工具明确标识,易取用。

(2)废弃品或者不良品规定放置,并加以管理。

(3)物品摆放不杂乱,通道通畅。

(4)工作台面、工具摆放应合理整齐。

(5)不在工作地点及实习现场打闹、游戏、进行体育活动及一切与生产实习无关的事项,以免影响他人工作或发生事故。

三、清扫

(1)产品设备无脏污、无积尘。

(2)地面、墙面、物料架、天花板保持清洁。

(3)设备、量具、工具、仪器干净整齐。

(4)部材、包装材料、辅料存放恰当,地面无杂物。

四、清洁

(1)遵照规定穿着工作服。

(2)机械设备定期点检,状态符合规定。

(3)工作场所不放置私人物品。

五、素养

(1)遵照任务书作业。

(2)遵守加工工艺规程、生产程序及各专业工种安全操作规程。

(3)遵守实训车间管理规定。

(4)言行文明、符合规范。

六、安全

(1)保持安全门正常开启。

（2）应急灯能正常运作。

（3）灭火器放置在指定地点并定期点检。

（4）未经实习指导人员许可不擅自动用任何设备、电器、开关和操作手柄，以免发生安全事故。

（5）不可使用没有手柄或手柄松动的工具（如榔头），发现手柄松动时，必须加以紧固。

七、节约

（1）避免不必要的用电。

（2）合理安排操作顺序，避免重复操作。

（3）避免不必要的材料浪费。

1.3　机械装调工艺卡

1.3.1　装配工艺规程

用表格的形式，把装配内容、装配方法、顺序、检验、试验等内容书写出来，成为指导装配工作，处理装配工作中出现问题的依据。这一工艺文件就称为装配工艺规程，其对于保证产品质量及装配工作总结具有重要的意义。

扩大范围来讲，机器部组件装配图、尺寸链分析图、各种装配夹具应用图、检验方法图及它们的说明、零件机械加工技术要求一览表的各个"装配单元"、整台机器的运转、试验规程、所用设备图、甚至装配周期图表等，均属于装配工艺规程范围内的文件。这一系列文件和日常应用的装配过程卡片、工序卡片构成了一整套掌握产品装配、保证产品质量的技术资料。

1.3.2　装配工艺规程的制定

一、产品分析

（1）研究产品图纸和装配时应满足的技术要求。

（2）对产品结构进行"尺寸分析"与"工艺分析"。前者为装配尺寸链分析与计算，后者是结构装配工艺性、零件的毛坯制造及机械加工工艺性分析。

（3）将产品分解为可独立进行装配的"装配单元"，以便组织装配工作的平行、流水作业。

通过这一阶段的工作，产品的图纸和技术要求获得明确与肯定（若有不符工艺性的地方需做修改）。另外，能达到装配精度的方法以及相应的零件加工精度要求予以最后确定。

二、装配工艺过程的确定

与装配单元级别相应，分别有合件、组件、部件装配和机器的总装配过程。这些装配过程是由一系列的装配工作以最理想的施工顺序来完成的。例如过盈连接，应确认采用压入配合还是热胀（或冷缩）配合法，采用哪种压入工具，哪种加热方法及设备。

对于一些装配工艺参数，如滚动轴承装配时的预紧力大小、螺纹连接预紧力的大小等，若无现成经验数据可参照时，则需进行试验或计算。有必要使用专用工具或设备的，则提出设计任务书。

为了估计装配周期,安排作业计划,对各个装配工作需要确定工时定额和工人等级。工时定额一般都是根据工厂实际经验和统计资料估计的。

三、装配顺序的确定

不论哪一等级装配单元的装配,都要选定某一零件或比它低一级的装配单位作为基准件进入装配工作。然后根据结构具体情况和装配技术要求再考虑其他零件或装配单元装入的先后次序。总之要有利于保证装配精度,使装配连接、校正等工作能顺利进行。

一般规律是:先下后上、先内后外、先难后易、先重大后轻小、先精密后一般。

运用尺寸链分析方法,有助于确定合理的装配顺序。

装配工作过程中还应注意安排:

(1)零件或装配单元进入装配的准备工作:主要是注意检验,不让不合格品进入装配,注意倒角、清除毛刺、防止表面受伤,并进行清洗及干燥等。

(2)基准零件的处理:除安排上述工作外,要注意安放水平及刚度,只能调平不能强压,防止因重力或紧固变形而影响总装精度。为此要注意安排支承的安放,基准件的调平等工作。

(3)检验工作:在进行某项装配工作中及装配完成后,都要根据质量要求安排检验工作,这对保证装配质量极为重要。

部装、总装后的检验还涉及运转和试验的安全问题等,检验对象主要有:

(1)运动副的啮合间隙和接触情况。

(2)过盈连接、螺纹连接的准确性和牢固情况。

(3)各种密封件和密封部位的装配质量。

(4)润滑系统、操纵系统等。

四、装配工艺规程文件的整理与编写

流程图的每一长方框中都需填写零件或装配单元的名称、代号和件数。

产品包含的零件和装配单元众多,需绘制各级装配单元的流程图和总装流程图,一个组件在部装流程图上可仅画上该组件及该合件的示意方框。装配单元的分级数目及名称可按具体需要自行确定。装配工艺流程图既反映了装配单元的划分,又直观地表示了装配工艺的过程。

在单件小批生产条件下,一般只编写装配过程卡片,可以直接利用装配工艺流程图代替工序卡片。对于重要工序,则可专门编写具有详细说明工序内容、操作要求以及注意事项的"装配工艺流程卡",在编写过程中,需要遵循以下原则:

(1)保证产品装配质量,力求提高其质量。

(2)钳工装配工作量尽可能小。

(3)装配周期尽可能短。

(4)所占车间生产面积尽可能小,力争单位面积上具有最大生产率。

编制装配工艺流程时,首先要详细研究产品的构造和作用,以及产品的制造、试验和验收技术条件,表 1-1 所示为装配工艺流程卡。

装配工艺规程的编制应当和机械加工工艺规程、焊接工艺规程等相互配合,达到在装配过程中尽量减少额外的机械加工、手工修配和焊接等工作。编制装配工艺规程从产品装配图纸开始,根据装配图纸编出装配系统图,然后根据装配系统图制定详细的装配工艺规程。

表 1-1 装配工艺流程卡

产品型号及名称		零部件名称及图号		
序号	过程名称及要求	零件、装配单元名称及代号	件数	备 注
1				
2				
3				
4				
5				
6				
7				
8				
9				
10				
11				
12				
13				
14				
15				
16				
17				
18				
19				
20				

1.4 机械装调思考问题

(1)简述装配的发展趋势。

(2)机械装调中的"7S"规范是哪些内容？

(3)简述产品的装配工艺过程。

(4)观察自行车的结构,简述自行车的装配过程。

第 2 章　常用工量具的正确使用

2.1　常用量具的认识及正确使用

2.1.1　常用量具介绍

量具是实物量具的简称,它是一种在使用时具有固定形态,用以复现或提供给定量的一个或多个已知量值的器具(图 2-1)。

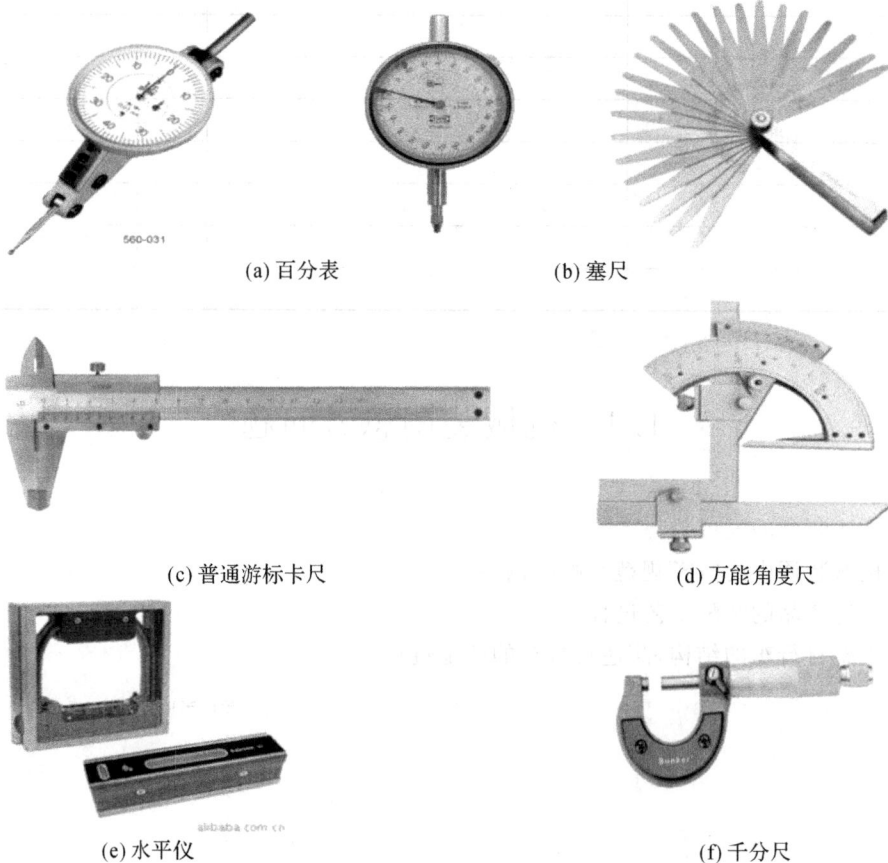

(a) 百分表　　　　　　　　　(b) 塞尺

(c) 普通游标卡尺　　　　　　　(d) 万能角度尺

(e) 水平仪　　　　　　　　　(f) 千分尺

图 2-1　通用量具

按其用途可分为三大类:

(1)标准量具。指用作测量或检定标准的量具,如量块、多面棱体、表面粗糙度比较样块等。

(2)通用量具(或称万能量具)。一般指由量具厂统一制造的通用性量具,如直尺、平板、角度块、卡尺等。

(3)专用量具(或称非标量具)。指专门为检测工件的某一技术参数而设计制造的量具,如内外沟槽卡尺、钢丝绳卡尺、步距规等。在机械装配与调试过程中,需要使用量具对工件的尺寸、形状、位置等进行检测,其中经常使用的量具以通用量具为主,如塞尺、游标卡尺、千分尺、百分表、水平仪等。

2.1.2 塞尺

塞尺又称测微片或厚薄规,用于测量间隙尺寸,它是由一组具有不同厚度级差的薄钢片组成的量规。在检验被测尺寸是否合格时,可由检验者根据塞尺与被测表面配合的松紧程度来判断。塞尺一般用不锈钢制造,最薄的可达 0.02mm,最厚的可达 3mm。自 0.02～0.1mm 间,各钢片厚度级差为 0.01mm,自 0.1～1mm 间,各钢片的厚度级差一般为 0.05mm,自 1mm 以上,钢片的厚度级差为 1mm。除了公制以外,也有英制的塞尺,塞尺的规格型号见表 2-1。

表 2-1 塞尺的规格型号

A 型	B 型	塞尺片长度/mm	片数	塞尺的厚度及组装顺序
组别标记				
75A13	75B13	75	13	0.02;0.02;0.03;0.03;0.04;0.04;0.05;0.05;0.06;0.07;0.08;0.09;0.10
100A13	100B13	100		
150A13	150B13	150		
200A13	200B13	200		
300A13	300B13	300		
75A14	75B14	75	14	1.00;0.05;0.06;0.07;0.08;0.09;0.19;0.15;0.20;0.25;0.30;0.40;0.50;0.75
100A14	100B14	100		
150A14	150B14	150		
200A14	200B14	200		
300A14	300B14	300		
75A17	75B17	75	17	0.50;0.02;0.03;0.04;0.05;0.06;0.07;0.08;0.09;0.10;0.15;0.20;0.25;0.30;0.35;0.40;0.45
100A17	100B17	100		
150A17	150B17	150		
200A17	200B17	200		
300A17	300B17	300		

一、使用方法(图 2-2)

(1)用干净的布将塞尺测量表面擦拭干净,根据被测间隙的大小,选择适当厚度的塞尺。为保证测量的准确性,应使用尽量少的塞尺数量,一般不超过 3 片。如果超过 3 片,通常要加测量修正值,一般每增加一片要加 0.01mm 的修正值。

(2)将塞尺插入被测间隙中,在塞入一定深度后来回拉动塞尺,此时应感到稍有阻力,这说明该间隙值接近塞尺上所标出的数值。如果拉动时阻力过大或过小,则说明该间隙值小于或大于塞尺上所标出的数值,测量时以手感有一定阻力又不至卡死为宜。

(3)进行间隙的测量和调整时,先选择符合间隙规定的塞尺插入被测间隙中,然后一边调整一边拉动塞尺,直到感觉稍有阻力时拧紧锁紧螺母,此时塞尺所标出的数值即为被测间隙值。

(4)在组合使用时,应将薄的塞尺片夹在厚的中间,以保护薄片。当塞尺片上的刻值看不清或塞尺片数较多时,可用千分尺测量塞尺厚度。塞尺用完后应擦干净,并抹上机油进行防锈保养。

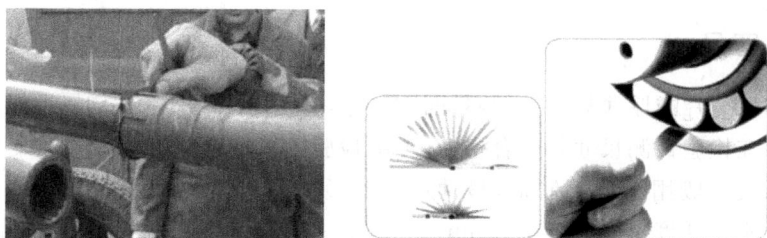

图 2-2　塞尺的使用

二、注意事项

使用塞尺时必须注意下列几点:

(1)根据情况选用塞尺片数,片数愈少愈好。

(2)测量时不能用力太大,以免塞尺弯曲和折断。

(3)不能测量温度较高的工件。

2.1.3　游标卡尺

游标卡尺是一种游标类万能量具,适用于中等精度尺寸的测量与检验,可以直接测量出工件的内径、外径、长度、宽度、深度等尺寸,具有结构简单、使用方便、使用范围广泛等特点,是现代制造业最常用的量具之一。

一、游标卡尺的分类

游标卡尺根据结构与用途的不同,分为普通游标卡尺、深度游标卡尺、高度游标卡尺和齿厚游标卡尺等,如图 2-3 所示。

二、普通游标卡尺的结构

游标卡尺主要由下列几部分组成(图 2-4):

(1)具有固定量爪的尺身,尺身上有类似钢尺一样的主尺刻度,如图 2-4 所示。主尺上的刻线间距为 1mm,其长度决定游标卡尺的测量范围。

(2)具有活动量爪的副尺,副尺上有游标,副尺上的螺钉起锁紧的作用。游标卡尺的游标读数值可制成为 0.1mm、0.02mm 和 0.05mm 的三种。游标的读数值,是指使用这种游标卡尺测量零件尺寸时,卡尺上能够读出的最小数值。

(3)在 0～125mm 的游标卡尺上,还带有测量深度的深度尺。深度尺固定在副尺的背

(a) 普通游标卡尺 (b) 深度游标卡尺

(c) 齿厚游标卡尺 (d) 高度游标卡尺

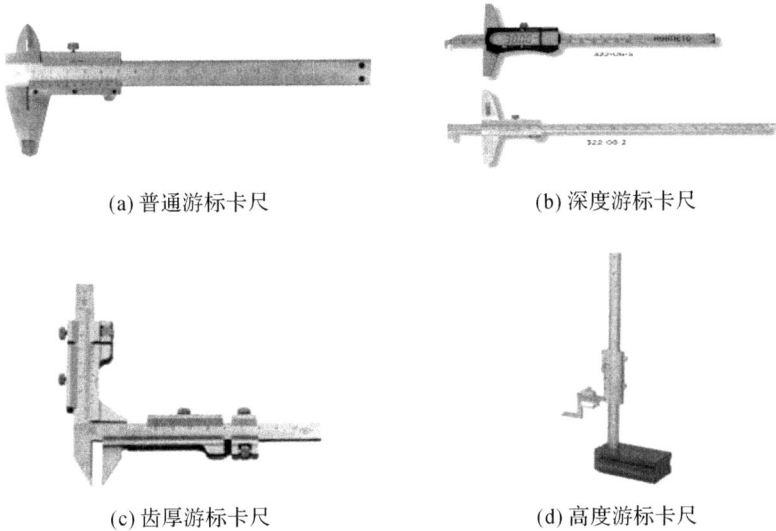

图 2-3　各类游标卡尺

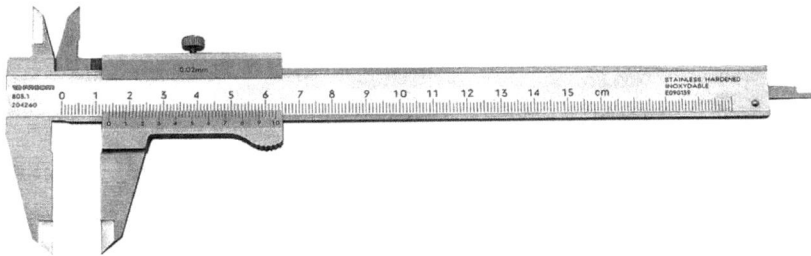

图 2-4　普通游标卡尺的结构

面,能随着副尺在尺身的导向凹槽中移动。测量深度时,应把尺身尾部的端面靠紧在零件的测量基准平面上。

游标卡尺的测量范围和游标读数值见表 2-2。

表 2-2　目前我国生产的游标卡尺的测量范围及其游标读数值　（单位:mm）

测量范围	游标读数值	测量范围	游标读数值
0～25	0.02、0.05、0.10	300～800	0.05、0.10
0～200	0.02、0.05、0.10	400～1000	0.05、0.10
0～300	0.02;0.05、0.10	600～1500	0.05、0.10
0～500	0.05、0.10	800～2000	0.10

三、游标卡尺的应用

(1)读整数。视线与卡尺刻线表面垂直对齐,副尺的零刻度线对准的主尺位置,读出主尺毫米刻度值(取整毫米为整数 X)。

(2)读小数。找出副尺游标上的第 n 条刻度线和主尺上某一刻度线对齐,游标读数为:n

×精度(精度由游标尺的分度决定,一般使用的普通游标卡尺为0.02mm)。

(3)读被测尺寸。将上述两项尺寸相加,即被测尺寸$L = X + n \times 0.02$。

①整数:21;②小数:$34 \times 0.02 = 0.68$;③被测尺寸:$21 + 34 \times 0.02 = 21.68$(图2-5)。

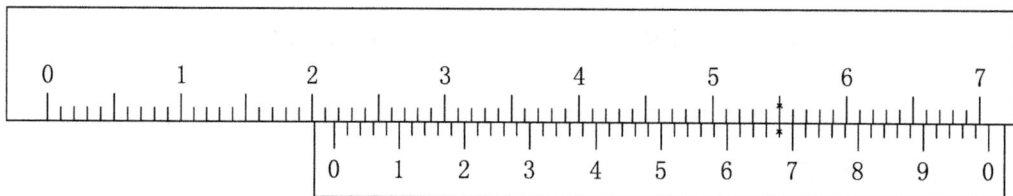

$$21 + 34 \times 0.02 = 21.68mm$$

图2-5　游标卡尺读数

②整数:13;(2)小数:$12 \times 0.02 = 0.24$;(3)被测尺寸:$13 + 12 \times 0.02 = 13.24$(图2-6)。

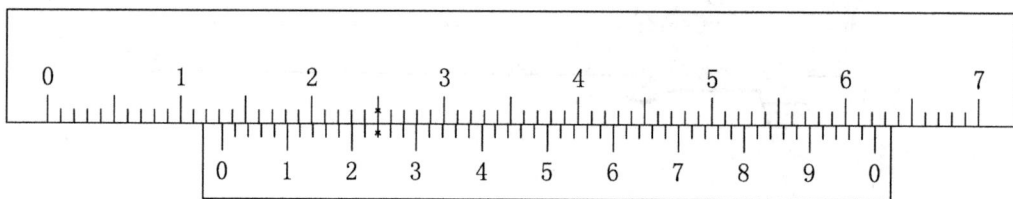

$$13 + 12 \times 0.02 = 13.24mm$$

图2-6　游标卡尺读数

四、注意事项

(1)测量外径和宽度时,外测量爪卡脚张开的尺寸应大于工件的尺寸(量爪应过工件中心)。

(2)测量内孔时,内测量爪卡脚张开的尺寸应小于工件的尺寸(量爪应过工件中心)。

(3)测量深度时,尺身端面垂直于被测零件的表面。

(4)不能用来测量粗糙的物体,以免损坏量爪。

(5)测量时移动游标不能用力过猛,两量爪与待测物的接触不宜过紧。

(6)对同一尺寸要多测几次,以消除偶然误差。

(7)读数时视线应与对齐刻线垂直。

(8)长期不用时要涂油,两量爪合拢并拧紧紧固螺钉,放入盒内盖好。

练一练

一、用游标卡尺测量图 2-7 工件尺寸(操作时间:20min)

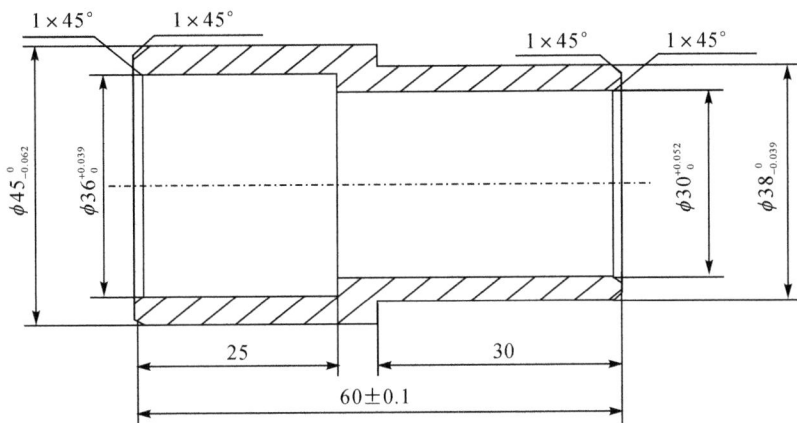

图 2-7　测量用工件

(1)分析图纸。

(2)检查游标卡尺。

(3)测量。

①测量外径

②测量内径

③测量长度

④测量深度

将操作记录填入表 2-3。

表 2-3　操作记录表

序号	测量内容	尺寸	测量记录			平均值	合格性
			第一次	第二次	第三次		
1	外径	$\phi45$					
2		$\phi36$					
3	内径	$\phi30$					
4		$\phi38$					
5	深度	25					
6		30					
7	长度	60					

2.1.4　千分尺

千分尺(micrometer)又称螺旋测微仪、分厘卡,是比游标卡尺更精密的长度测量工具,它可测的长度能够准确到 0.01mm,适用于高精度尺寸的测量与检验,并可以直接测量出工件的内径、外径、长度、宽度、深度等尺寸。千分尺具有使用方便、检测精度较高、使用范围较广等特点,是现代制造业最常用的量具之一。

千分尺的品种很多,改变千分尺测量面形状和尺架等就可以制成不同用途的千分尺,如用于测量内径、螺纹中径、齿轮公法线或深度的各类千分尺,如图 2-8 所示。

一、千分尺的分类

千分尺的种类很多,根据结构与用途的不同,目前常用有:外径千分尺、内径千分尺、深度千分尺、螺纹千分尺,以及公法线千分尺等(图 2-8)。

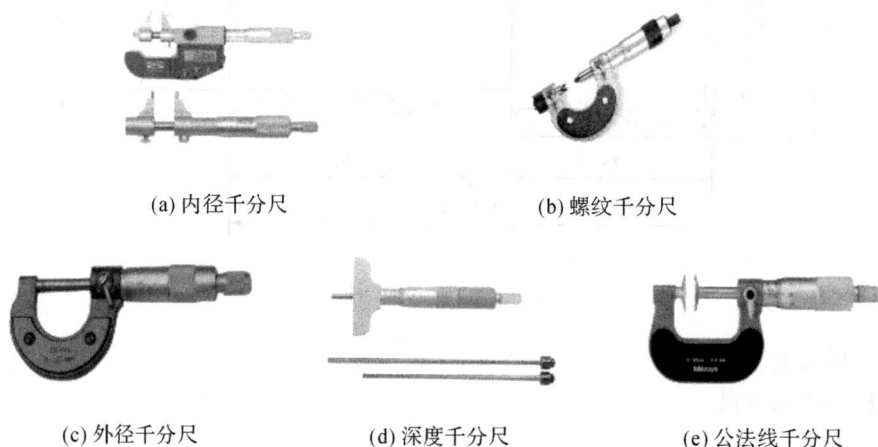

(a) 内径千分尺　　　　　　　　　　　　(b) 螺纹千分尺

(c) 外径千分尺　　　　(d) 深度千分尺　　　　(e) 公法线千分尺

图 2-8　各类千分尺

二、外径千分尺的结构

千分尺主要由下列几部分组成(图 2-9):

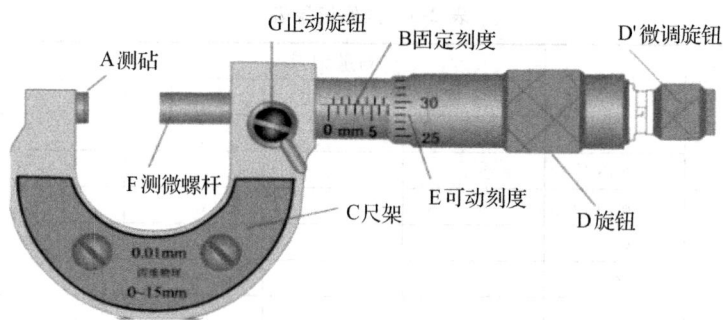

图 2-9　千分尺组成部分及名称

三、千分尺操作方法

(1)使用前应先检查零点,缓缓转动微调旋钮 D′,使测杆(F)和测砧(A)接触,直到棘轮发出声音为止。此时可动尺(活动套筒)上的零刻线应当和固定套筒上的基准线(长横线)对正,否则有零误差。

（2）左手持尺架(C)，右手转动粗调旋钮 D 使测杆 F 与测砧 A 间距稍大于被测物。放入被测物，转动保护旋钮 D′夹住被测物，直到棘轮发出声音为止，拨动固定旋钮 G 使测杆固定后读数。

四、千分尺的读数方法及公式

（1）先读固定刻度。

（2）再读半刻度，若半刻度线已露出，记作 0.5mm，若半刻度线未露出，记作 0mm。

（3）再读可动刻度(注意估读)，记作 $n \times 0.01$mm。

（4）最终读数结果为：固定刻度＋半刻度＋可动刻度＋估读。

（5）在主刻度上读整数，以微分筒(辅刻度)端面所处在主刻度的上刻线位来确定。

（6）在微分筒和固定套管(主刻度)的下刻线上读小数，当下刻线出现时，小数值＝0.5＋微分筒读数，当下刻线未出现时，小数值＝微分筒读数。

（7）读：将上述两项尺寸相加，即被测尺寸：L＝整数值＋小数值，如图 2-10 所示。

读数 L＝固定刻度＋半刻度＋可动刻度；$L=2+0.5+0.460=2.960$mm

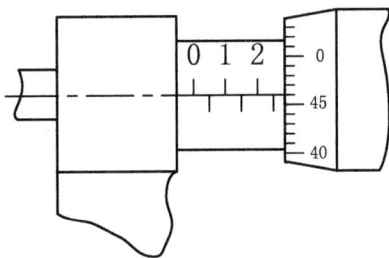

(2+0.460)mm=2.460mm

图 2-10　千分尺读数练习

五、实践应用与注意事项

（1）检查零位线是否准确。

（2）测量时需把工件被测量面擦干净。

（3）工件较大时应放在 V 型铁或平板上测量。

（4）测量前将测量杆和砧座擦干净。

（5）拧活动套筒时需用棘轮装置。

（6）不要拧松后盖，以免造成零位线改变。

（7）不要在固定套筒和活动套筒间加入普通机油。

（8）测量时，要注意在测微螺杆快靠近被测物体时应停止使用旋钮，而改用微调旋钮，避免产生过大的压力，这样既可使测量结果精确，又能保护螺旋测微器。

（9）在读数时，要注意固定刻度尺上表示半毫米的刻线是否已经露出。

（10）读数时，千分位有一位估读数字，不能随便扔掉，即使固定刻度的零点正好与可动刻度的某一刻度线对齐，千分位上也应读取为"0"。

（11）当小砧和测微螺杆并拢,可动刻度的零点与固定刻度的零点不相重合时,将出现零误差,应加以修正,即在最后测长度的读数上去掉零误差的数值,如图 2-11 所示。

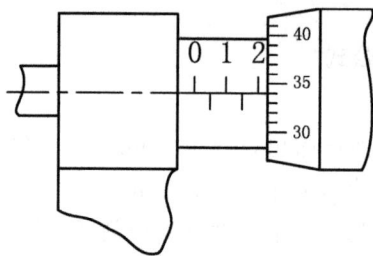

(2+0.344)mm=2.344mm

图 2-11　千分尺读数误差的消除

练一练

训练内容:用千分尺测量下图工件尺寸(操作时间:30min)

（1）分析图纸(图 2-12)

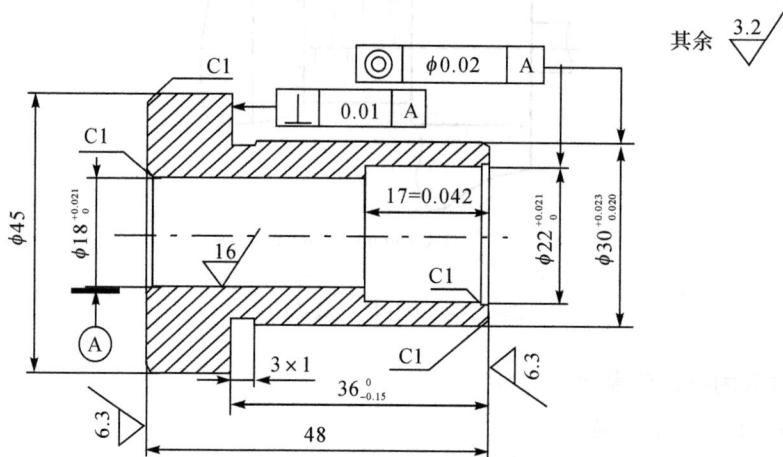

图 2-12　千分尺测量用工件

（2）检查

检查千分尺

（3）测量

①测量外径(ϕ45、ϕ36)

②测量内径(ϕ18、ϕ22)

③测量长度(48)

④测量深度(17、36)

将操作记录填入表 2-4。

表 2-4 操作记录表

序号	测量内容	尺寸	测量记录			平均值	合格性
			第一次	第二次	第三次		
1	外径	φ45					
2		φ36					
3	内径	φ18					
4		φ22					
5	深度	17					
6		36					
7	长度	48					

2.1.5 百分表

百分表是一种精度较高的比较量具,主要用于检测工件的形状和位置误差,也可在机床上用于工件的安装找正以及测量零件的内径等。它只能测出相对数值,不能测出绝对值。百分表通常由测头、量杆、防震弹簧、齿条、齿轮、游丝、圆表盘及指针等组成,常用于形状和位置误差以及小位移的长度测量。改变测头形状并配以相应的支架,可制成百分表的变形品种,如厚度百分表、深度百分表和内径百分表等(图 2-13)。

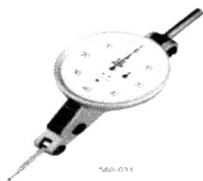 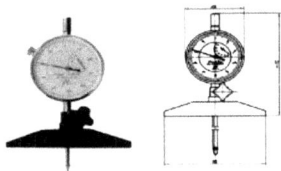

(a) 厚度百分表   (b) 深度百分表   (c) 内径百分表

图 2-13 各类百分表

百分表的测量杆作直线移动,可用来测量长度尺寸,所以它也可作为长度测量工具。其主要用于校正零件的安装位置、检验零件的形状精度和相互位置精度。

一、百分表的结构

百分表由转数指示盘、指针、挡帽、表圈、转数指式针、表体、表盘、套筒、测量杆与测量头组成(图 2-14)。

二、百分表的工作原理

带有齿条的测量杆 1 做直线移动,通过齿轮传动(Z1、Z2、Z3),转变为指针 2 的回转运动。齿轮 Z4 和弹簧 3 使齿轮传动的间隙始终为一个方向,起着稳定指针位置的作用。弹簧 4 是控制百分表的测量压力的。百分表内的齿轮传动机构使测量杆直线移动 1mm 时,指针正好回转一圈(图 2-15)。

三、百分表的使用方法

(1)测量零件时,测量杆必须垂直于被测量表面,如图 2-16 所示。

(2)不要使测量杆的行程超过测量范围,不要使测量头突然撞在零件上,不要使百分表

图 2-14　百分表的结构

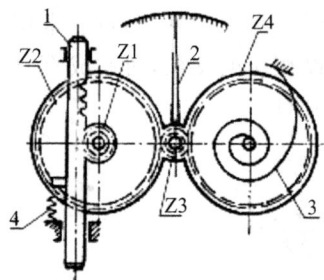

图 2-15　百分表的工作原理

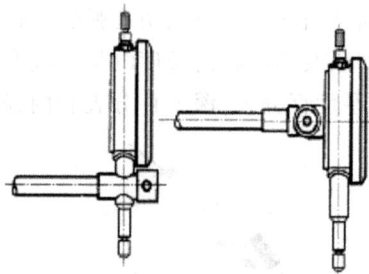

图 2-16　测量杆必须垂直于被测量表面

和千分表受到剧烈的振动和撞击,也不要把零件强行推入测量头下,以免损坏百分表和千分表的机件而失去精度。

(3)校正或测量零件时,应当使测量杆有一定的初始测力,即在测量头与零件表面接触时,测量杆应有 0.3～1mm 的压缩量。将指针转过半圈左右后转动表圈,使表盘的零位刻线对准指针,轻轻拉动手提测量杆的圆头,拉起和放松几次,并检查指针所指的零位有无改变。当指针的零位稳定后,再开始测量或校正零件的工作。

(4)检查工件平整度或平行度时,将工件放在平台上,使测量头与工件表面接触,调整指针使摆动 1/3～1/2 圈,然后把刻度盘零位对准指针,慢慢地移动表座或工件。当指针顺时针摆动时,说明工件偏高,逆时针摆动时,说明工件偏低。当测量轴的时候,以指针摆动的最大数字作为读数(最高点),测量孔的时候,以指针摆动最小的数字(最低点)作为读数。

(5)在使用百分表和千分表的过程中,要严格防止水、油和灰尘渗入表内,测量杆上也不要加油,避免粘有灰尘的油污进入表内,影响表的灵活性。

(6)不使用时,应使测量杆处于自由状态,避免表内的弹簧失效。如内径百分表不使用时,应拆下保存。

四、百分表的读数方法

表盘上刻有 100 个等分格,其刻度值(即读数值)为 0.01mm,小指针转动一小格,刻度值为 1mm。当测量杆每向上或向下移动 1mm 时,齿轮传动系统带动大指针转一圈,同时小指针转一格。大指针每转一格的读数值为 0.01mm,小指针每转一格的读数值为 1mm。小指针的刻度范围为百分表的测量范围。刻度盘可以转动,供测量时大指针对零。百分表的测量准确度为 0.01mm,测量范围(即测量杆的最大移动量),有 0～3mm、0～5mm、0～10mm 的三种。读数值为 0.001mm 的千分表,测量范围为 0～1mm。

2.1.6 水平仪

当水平发生倾斜时,水准泡的气泡就向水平仪升高的一端移动,由水准泡内壁的曲率半径不同,产生了不同的分度值,水平仪就是利用这一原理来测量倾斜度的。其在机械行业和仪表制造中,用于测量相对于水平位置的倾斜角、机床类设备导轨的平面度和直线度、设备安装的水平位置和垂直位置等。按水平仪的外形不同可分为:万向水平仪、圆柱水平仪、一体化水平仪、迷你水平仪、相机水平仪、框式水平仪和尺式水平仪等,按水准器的固定方式又可分为:可调式水平仪和不可调式水平仪。

一、使用方法

(1)测量时使水平仪的工作面紧贴在被测表面,待气泡完全静止后方可进行读数。

(2)水平仪的分度值是以一米为基长的倾斜值,如需测量长度为 L 的实际倾斜则可通过下式进行计算:实际倾斜值＝分度值×L×偏差格数,为避免由于水平仪零位不准引起的测量误差,在使用前必须对水平仪的零位进行校对或调整。

(3)水平仪的零位进行校对或调整方法:将水平仪放在基础稳固、大致水平的平板(或机床导轨)上,待气泡稳定后在一端(如左端)读数,暂定为零。再将水平仪调转 180°,放在平板原来的位置上,待气泡稳定后,仍在原来一端(左端)读数 A,则水平仪的零位误差为 $A/2$。如果零位误差超过许可范围,需调整水平仪零位调整机构(调整螺钉或螺母,使零位误差减小至许可值以内),对于非规定调整的螺钉,螺母不得随意拧动,调整前水平仪的工作面与平板必须擦拭干净,调整后螺钉或螺母等件必须固紧。

二、注意事项

(1)水平仪使用前应用无腐蚀性的汽油将工作面上的防锈油洗净,并用脱脂棉纱擦拭干净后方可使用。

(2)温度变化会使测量产生误差,使用时必须与热源和风源隔绝。如使用环境温度与保存环境温度不同,则需在使用环境下将水平仪位置于平板上稳定 2h 后方可使用。

(3)测量时必须待气泡完全静止后方可读数。

(4)水平仪使用完毕,必须将工作面擦拭干净,涂以无水、无酸的防锈油,并覆盖防潮纸后装入盒中置于清洁干燥处保管。

(5)水平仪在正确使用和保管的前提下,由于制造原因而生产的缺陷、故障、自出厂之日内半年期内由厂商负责免费修理、退换,但要求产品必须结构完整、外表无损。

2.2 常用工具的认识及正确使用

工具是人们在生产过程中用来加工制造产品的器具,我们在设备的使用和维护保养中离不开工具,否则哪怕是一个小小的螺丝松动也只能望而却步。我们在装配设备的时候到底都需要哪些工具呢?下面将着重介绍机械装配与调试中使用的常用工具。常用的工具通常指的是螺丝刀、活动扳手、梅花扳手、开口扳手、内六角扳手、套筒扳手、拉拔器等。本节将对机械装调过程中常用的工具及其使用方法作介绍。

2.2.1 螺丝刀

螺丝刀也称为螺钉旋具、改锥或起子,是用来紧固或拆卸螺钉的工具。它的种类很多,常见按照头部形状不同,可分为一字和十字两种,按手柄的材料和结构不同,可分为木柄、塑料柄、夹柄和金属柄等四种,按操作形式不同,可分为自动、电动和气动等形式。

一、一字形螺丝刀(图 2-17)

这种螺丝刀主要用来旋转一字槽形的螺钉、木螺丝和自攻螺丝等,它有多种规格,通常说的大、小螺丝刀是用手柄以外的刀体长度来表示的,常用的有 100mm、150mm、200mm、300mm 和 400mm 等几种。要根据螺丝的大小选择不同规格的螺丝刀,若用型号较小的螺丝刀来旋拧大号的螺丝很容易损坏螺丝刀,在使用时应格外注意。

图 2-17　一字螺丝刀

二、十字形螺丝刀(图 2-18)

这种螺丝刀主要用来旋转十字槽形的螺钉、木螺丝和自攻螺丝等,使用十字形螺丝刀时,应注意使旋杆端部与螺钉槽相吻合,否则容易损坏螺钉的十字槽。十字螺丝刀的规格和一字螺丝刀相同。

图 2-18　十字螺丝刀

三、螺丝刀的正确使用

螺丝刀是用来拆卸和装配螺丝必不可少的工具,在使用螺丝刀拆装螺丝钉时,应将螺丝刀垂直地顶在螺丝钉的头部上,一边用力地顶压,一边转动螺丝刀。根据旋紧或松开螺丝钉的头部槽宽和槽形选用适当的螺丝刀,不能用较小的螺丝刀去旋拧较大的螺丝钉。弯头螺丝刀用于空间受到限制的螺丝钉头。螺丝刀的刀口如有损坏、变钝时,应随时修磨,用砂轮磨时要用水进行冷却,无法修复的螺丝刀应报废。不要用螺丝刀旋紧或松开握在手中的工件,应将工件夹固在夹具内,以防伤人。不可用锤击螺丝刀手柄端部的方法,撬开缝隙或剔除金属毛刺。螺丝刀不能当撬棍使用,不能用锤子打击螺丝刀柄,也不可在螺丝刀柄与起子口处使用扳手或钳子来增加扭力,以防起子弯曲损坏。另外注意不得斜拧螺丝,以免把螺丝的头部拧坏。

2.2.2 扳手

一、活动扳手

由扳手体、固定钳口、活动钳口及蜗杆等组成,扳手的加力方向是固定的,反向加力扳手口会向外张,所以加力时须要确认扳手的加力方向,如图 2-19 所示。活动扳手主要用于旋紧六角形、正方形螺钉和各种螺母。采用工具钢、合金钢或可锻铸铁制成,一般分为通用、专用和特殊三大类。使用时应根据螺钉螺母的形状、规格及工作条件选用规格相适应的活动扳手操作。

活动扳手的开口宽度可在一定尺寸范围内进行调节,能拧转不同规格的螺栓或螺母,适用于不同大小螺栓螺母的拆卸和安装。活动扳手的缺点就是使用不方便、费力、空间较小,工作时扳手不易打开并且容易伤人和使螺栓角圆滑。活动扳手多适用于户外携带,以防止所带工具不齐全而使用,它可以方便地调整扳手使用角度。

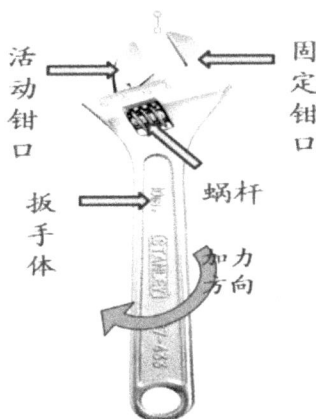

图 2-19 活动扳手

注意事项:

(1)可使用其他扳手时,最好不要使用活动扳手紧固螺栓,避免伤人和损坏螺栓。

(2)使用活动扳手时不能相互敲打。

二、开口扳手

开口扳手也叫呆扳手,只能单方向受力。开口扳手的其中一个转动方向只能是拧紧螺栓,而另一个方向只能是拧松螺栓。如果是反方向拧紧螺栓,很容易损坏开口扳手的开口,用力方向如图 2-20 所示。呆扳手使用时,应使扳手开口与被旋拧件配合好后再用力,如接触不好就用力容易滑脱,使作业者身体失衡。

三、梅花扳手

梅花扳手的转角较小,可用于只有较小摆角的地方(只需转过扳手 1/2 的转角)。如图 2-21 所示,由于接触面大,无受力方向,可用于强力拧紧。其两端具有带六角孔或十二角孔的工作端,适用于工作空间狭小,不能使用普通扳手的场合。梅花扳手广泛用于拆卸和紧固螺栓,在拆卸和安装螺栓时,应将扳手垂直于螺栓拆卸和安装,如果扳手过于不平,容易损坏螺栓甚至伤到操作人员。在使用梅花扳手紧固螺栓时,要牢记用右手握住扳手后端,左手按住扳

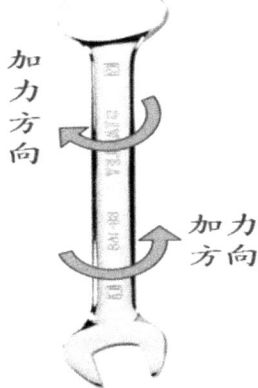

图 2-20 开口扳手

手头,施加拉力或推力。拆卸与紧固螺栓的方向相反,左手使扳手垂直于螺栓,右手手指伸开,使用掌心推拉扳手。

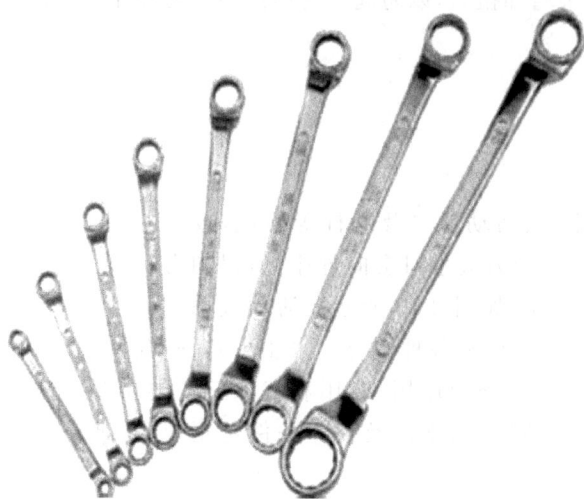

图 2-21　梅花扳手

四、套筒扳手

套筒扳手的使用非常广泛,它由棘轮扳手、长接杆、短接杆、万向节头和各种规格型号的套筒组成(图 2-22)。棘轮套筒扳手是一种手动式松紧螺丝(有固定孔)的工具。它是根据特殊要求制成的特种扳手,应根据要求正确使用。不同规格尺寸的主梅花套和从梅花套通过铰接键的阴键和阳键咬合的方式连接,由于一个梅花套具有两个规格的梅花形通孔,使它可以用于两种规格螺丝的松紧,扩大了使用范围,节省工作时间。套筒扳手在使用时也需接触好后再用力,如发现梅花套筒及扳手手柄变形或有裂纹时,应停止使用。要注意随时清除套筒内的尘垢和油污。使用时要注意选择合适的规格、型号,以防滑脱伤手。

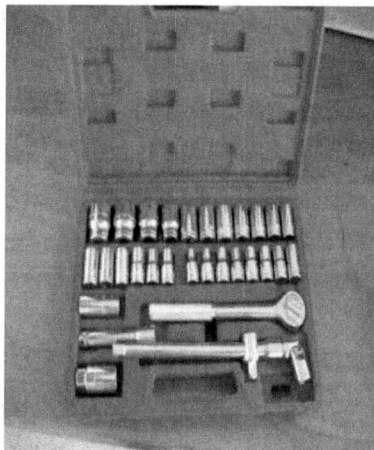

图 2-22　套筒扳手

注意事项：

（1）有足够的空间时，能用套筒扳手的地方不用梅花扳手。

（2）能套进螺丝的情况下，能用梅花扳手的地方不用开口扳手。

（3）尽量不用活动扳手。套筒扳手防滑性能好，力矩较大，虽然其他扳手比较灵活，但不能用在特别重要的场合，如缸盖螺丝等（拆卸缸盖螺丝必须用套筒扳手）。

五、扭力扳手

扭力扳手有普通表盘式和预调式两种，在扭紧时可以表示出扭矩数值（图 2-23）。凡是对螺栓、螺母的扭矩有明确规定的装配工作，都要使用扭力扳手。

（1）扭矩扳手也叫扭力扳手或力矩扳手，力矩就是力和距离的乘积。在紧固螺丝螺栓螺母等螺纹紧固件时需要控制施加的力矩大小，以保证不因力矩过大破坏螺纹，所以应使用扭矩扳手操作。

（2）首先设定好需要的扭矩值上限，当施加的扭矩达到设定值时，扳手会发出"卡塔"声响或者扳手连接处折弯一定角度，这就代表已经紧固，不再需要加力了。扭力扳手适用于对扭矩大小有明确规定的装配工作。

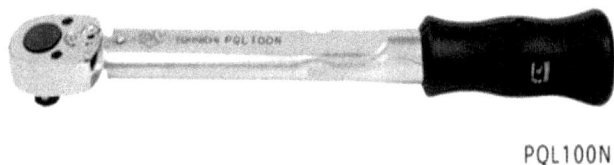

PQL100N

图 2-23 扭力扳手

六、内六角扳手

内六角扳手是用于有六角插口的螺丝的工具，专用于紧固或拆卸机床、车辆、机械设备上的六角插口螺丝（图 2-24）。内六角扳手的型号是按照六方的对边尺寸国家标准确定的。

该扳手成"L"形，一端是一个球头，邻接于球头部内侧面形成一个环形颈部，其中球头部外周环设置形成六角面，并在六角面中间设有一个容置槽。该容置槽的槽口略小于槽身，并由内向外依顺序设有一弹簧，若内侧受弹簧顶推，外侧就露出容置槽的小钢珠，利用小钢珠的圆滑表面可以弹性进推，在球头部斜插入工件的六角孔时可以方便进出。同时小钢珠可以填补六角孔因使用磨损的间隙，在其使用转动时更加省力，不使六角孔再度磨损。

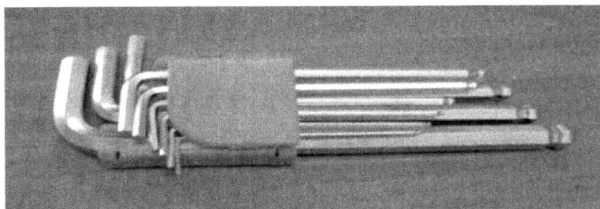

图 2-24 内六角扳手

2.2.3 钳

钳子是一种用于夹持、固定加工工件或者扭转、弯曲、剪断金属丝线的手工工具。钳子的外形呈 V 形,通常包括手柄、钳腮和钳嘴三个部分。

钳嘴的形式很多,常见的有尖嘴、平嘴、扁嘴、圆嘴、弯嘴等样式,可适应对不同形状工件的作业需要。按其主要功能和使用性质,钳子可分为夹持式钳子、钢丝钳、剥线钳、管子钳等。

一、钢丝钳

钢丝钳是一种五金工具,是用来夹住工件或剪切工件的专用工具(图 2-25)。它的钳口不是固定的,钳口表面有锯齿和剪切刃口,也叫夹剪。另一种叫电工用手钳,主要用于剪切线材。

使用手钳时应注意不要将钢丝钳当成扳手使用,在剪切线材断头时,为防止飞出的断头伤人,断头应朝地下,操作者应戴上护目镜,电工用手钳把柄必须加绝缘套。

二、尖嘴钳

能在较狭小的工作空间操作,不带刃口的只能做夹捏工作,带刃口的能剪切细小零件,常用于仪表、电讯器材等领域的装配和修理作业(图 2-26)。

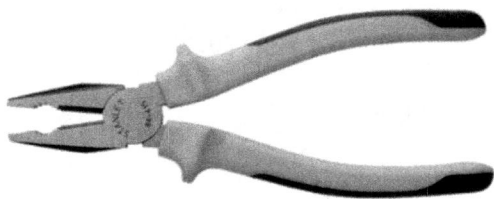

图 2-25 钢丝钳

图 2-26 尖嘴钳

三、卡簧钳(卡环钳)

卡簧钳分为轴用卡簧钳和孔用卡簧钳,主要用于工业生产中内、外弹性卡环安装和拆卸的一种专用工具(图 2-27)。卡簧钳两钳腿一端铰接在一起,另一头可实现张开或合拢的功能。钳腿上设有调节机构,带动钳腿张开合拢,完成内外弹性卡环的安装拆卸工作。

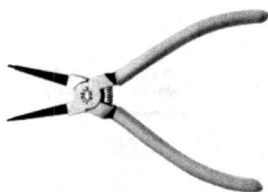

(a)孔用卡簧钳

(b)轴用卡簧钳

图 2-27 卡簧钳

四、管子钳

管子钳适用于拆卸和安装管线的连接接口,根据不同的管子大小选择不同大小的管子钳(图2-28)。管子钳只能按顺时针紧固或逆时针拆卸,其活动头的功能是卡紧管子,如果反转拆卸和安装则会打滑,甚至打到工作人员。管子钳的活动行程代表它的工作范围。

图 2-28 管子钳

五、锤子(锒头)

锤子主要是击打工具,由锤头和锤柄组成,锤头材质多为 45 号钢(图2-29)。根据被击打工件的不同,锤头也有用铅、铜、橡皮、塑料或木材等制成的软锤头。锤子的重量应与工件、材料和作用相适应,太重和过轻都不安全。使用锤子前应该检查手柄是否松动,以免头部滑脱而造成事故。清除锤面和手柄上的油污,以防敲击时锤面从工作面上滑下造成伤人和机件损坏。

(a) 橡胶锤子

(b) 铁锤子

图 2-29 锤子

2.2.4 其他工具

一、钢锯(手锯)

手锯锯条多用碳素工具钢和合金工具钢制成,并经热处理增加硬度(图2-30)。使用中锯条折断是造成伤害的主要原因,因此手锯在使用中应注意:

(1)应按所加工材料的硬度和厚度正确选用锯条,锯条安装的松紧要适度,根据手感随时调整。

(2)被锯割的工件要夹紧,锯割中不能有位移和振动,锯割线要靠近工件支承点。

(3)锯割时要扶正锯弓,防止歪斜,起锯要平稳,起锯角不应超过15°。起锯角度过大,锯齿易被工件卡夹。

(4)向前推锯时双手要适当加力,向后退锯时,应将手锯略微抬起,不要施加压力。用力的大小应根据被割工件的硬度确定,硬度大的可加力大些,硬度小的可加小些。

(5)安装或调换新锯条时,必须注意保证锯条的齿尖方向朝前,锯割中途调换新条后,应调头锯割,不宜继续沿原锯口锯剖。当工件快被锯割下时,应用手扶住,以免落下伤脚。

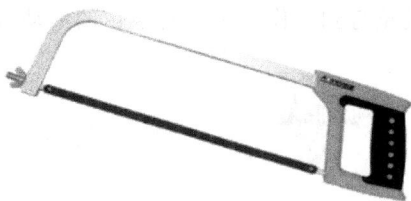

图 2-30　钢锯

二、轴承拆卸器

轴承拆卸器又称拉马或拉拔器,常用的有两爪或三爪,采用机械式或螺旋式,如图 2-31 所示。

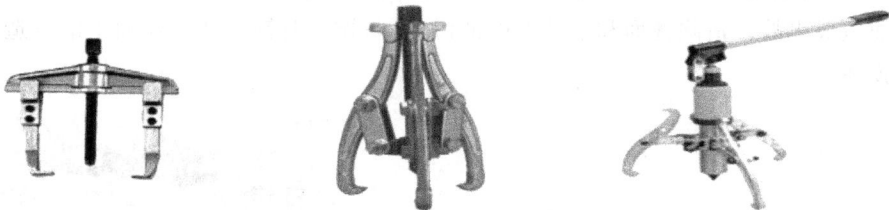

图 2-31　轴承拆卸器

它是使轴承与轴相分离的拆卸工具,使用时用三个抓爪勾住轴承,然后旋转带有丝扣的顶杆,轴承就被缓缓从轴上拉出,同时还可以拆卸皮带轮、链轮等等。

轴承的拆卸与安装需仔细进行,应使用规定的轴承拆卸工具,注意不损伤轴承及各零件。特别是过盈配合轴承的拆卸,操作难度大,因此在设计阶段要事先考虑便于拆卸,并根据需要设计制作轴承拆卸工具。在拆卸时,根据图纸研究拆卸方法和顺序,调查轴承的配合条件,使得拆卸作业万无一失。

(1)外圈的拆卸。拆卸过盈配合的外圈,应事先在外壳的圆周上设置几处外圈挤压螺杆用螺丝,一边均等地拧紧螺杆,一边拆卸。这些螺杆孔平常应盖上盲塞。圆锥滚子等的分离型轴承,应在外壳挡肩上设置几处切口,使用垫块、压力机拆卸,或轻轻敲打着拆卸。

(2)圆柱孔轴承的拆卸。可以简单地用压力机械拔出内圈,此时应注意让内圈承受其拔力。大型轴承的内圈拆卸采用油压法,通过设置在轴上的油孔施加油压,使其易于拉拔。宽度大的轴承可油压法与拉拔卡具并用进行拆卸作业。

(3)锥孔轴承的拆卸。拆卸较小型的带紧定套的轴承,应用紧固在轴上的挡块支撑内圈,将螺母转回几次后,使用榔头敲打垫块拆卸。

大型锥孔轴承利用油压拆卸更加容易,拆卸时在锥孔轴上的油孔中加压送油,使内圈膨胀后拆卸轴承。操作中,轴承可能突然脱出,最好将螺母作为挡块使用。

练一练

一、常用工量具按其用途分为哪几类,分别是什么?

二、游标卡尺的应用注意事项是什么?

三、现有一幅画,你能想出几种方法将它挂起来?

第3章 固定连接的装配与调试

3.1 螺纹连接的装配

螺纹连接是一种可拆的固定连接,它具有结构简单、连接可靠、装拆方便等优点,在机械中广泛应用。螺纹连接分普通螺纹连接和特殊螺纹连接两大类。由螺栓、双头螺柱或螺钉构成的连接称为普通螺纹连接,其他螺纹连接称为特殊螺纹连接(图 3-1)。

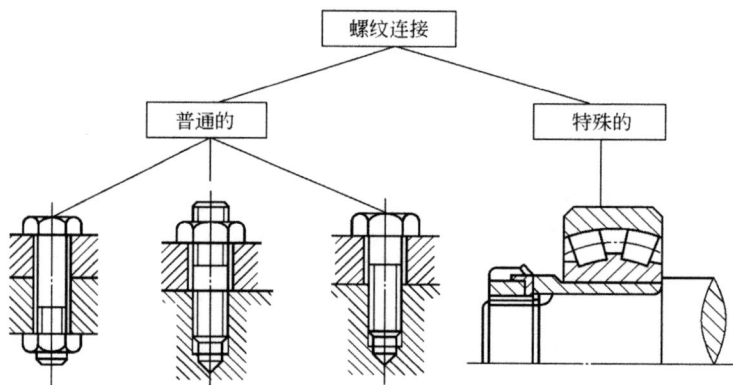

图 3-1 螺纹连接类型

一、拧紧力矩的保证

为达到连接可靠和紧固的目的,螺纹连接要求纹牙间有一定的摩擦力矩,所以螺纹连接装配时应有一定的拧紧力矩,使纹牙间产生足够的预紧力。在旋紧螺母时总是要克服摩擦力的,一类是螺母的内螺纹和螺栓的外螺纹之间螺纹牙间摩擦力 f_G,另一类是在螺母与垫圈、垫圈与零件以及零件与螺栓头的接触表面之间的螺栓头部摩擦力 f_K。因此拧紧力矩 M_A 决定于其摩擦因数 f_G 和 f_K 的大小,其值可通过表 3-1 和表 3-2 确定。在这两个表中考虑了材料的种类、表面处理状况、表面条件(和制造方法有关)以及润滑等各种因素。

表 3-1　摩擦因数 f_G

f_G 螺纹				外螺纹（螺栓）								
		材料		钢								
		表面		发黑或用磷酸处理				镀锌（Zn6）		镀镉（Cd6）		粘结处理
螺纹 材料 表面		螺纹制造方法		滚压			切削	切削或滚压				
		螺纹制造方法	润滑	干燥	加油	MoS₂	加油	干燥	加油	干燥	加油	干燥
内螺纹	钢	光亮	切削 干燥	0.12~0.18	0.10~0.16	0.08~0.12	0.10~0.16	—	0.10~0.18	—	0.08~0.14	0.16~0.25
		镀锌		0.10~0.16	—	—	—	0.12~0.20	0.10~0.18	—	—	0.14~0.25
		镀隔		0.08~0.14	—	—	—	—	—	0.12~0.16	0.12~0.14	—
	GG/GTS	光亮		—	0.10~0.18	—	0.10~0.18	—	0.10~0.18	—	0.08~0.16	—
	AlMg	光亮		—	0.08~0.20	—	—	—	—	—	—	—

表 3-2　摩擦因数 f_K

f_K 接触面				螺栓头										
		材料		钢										
		表面		发黑或用磷酸处理						镀锌（Zn6）		镀镉（Cd6）		
接触面 材料 表面		螺纹制造方法		滚压			切削		磨削	滚压		滚压		
		螺纹制造方法	润滑	干燥	加油	MoS₂	加油	MoS₂	加油	干燥	加油	干燥	加油
被连接件材料	钢	光亮	磨削	—	0.16~0.22	—	0.10~0.18	—	0.16~0.22	0.10~0.18	—	0.08~0.16	—
		光亮	金属切削	0.12~0.18	0.10~0.18	0.08~0.12	0.10~0.18	0.08~0.12	—	0.10~0.18		0.08~0.16	0.08~0.14
		镀锌		0.10~0.16	—	0.10~0.16	—	0.10~0.18		0.16~0.20	0.10~0.18	—	—
		镀镉		0.08~0.16						—	—	0.12~0.20	0.12~0.14

摩擦因数 f_K

f_K	接触面				螺栓头									
	材料				钢									
		表面			发黑或用磷酸处理						镀锌(Zn6)		镀镉(Cd6)	
接触面	材料	表面	螺纹制造方法		滚压			切削		磨削	滚压		滚压	
			螺纹制造方法	润滑	干燥	加油	MoS_2	加油	MoS_2	加油	干燥	加油	干燥	加油
被连接件材料	GG/GTS	光亮	磨削	干燥	—	0.10~0.18	—	—	—	0.10~0.18			0.08~0.16	—
			金属切削	干燥	—	0.14~0.20	—	0.10~0.18	—	0.14~0.22	0.10~0.18	0.10~0.16	0.08~0.16	—
	AlMg				0.08~0.20					—	—	—	—	—

二、拧紧力矩的控制

拧紧力矩或预紧力的大小是根据要求确定的,一般紧固螺纹连接无预紧力要求,采用普通扳手、气动或电动扳手拧紧即可。规定预紧力的螺纹连接,常用控制扭矩法、控制扭角法、控制螺栓伸长法来保证准确的预紧力。

用测力扳手或定扭矩扳手控制拧紧力矩的大小,使预紧力达到给定值,这种方法简便但误差较大,适用于中小型螺栓的紧固。

(1)测力扳手如图 3-2 所示,为控制力矩的侧力扳手。它有一个长的弹性扳手柄 3,一端装有手柄 6,另一端装有带方头的柱体 2。方头上,套装有一个可更换的梅花套筒(用于拧紧螺钉或螺母)。柱体 2 上还装有一个长指针 4,刻度盘 7 固定在柄座上。工作时由于扳手杆和刻度盘一起向旋转的方向弯曲,指针就在刻度盘上指出拧紧力矩的大小。

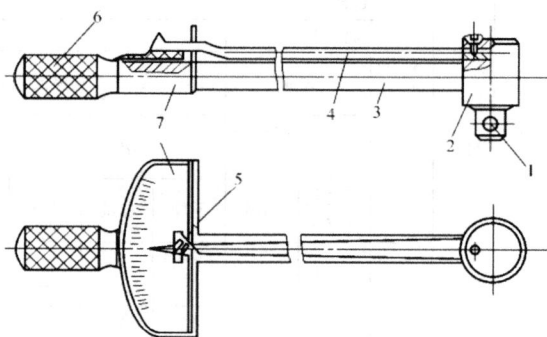

图 3-2　测力扳手

(2)定扭矩扳手如图 3-3 所示,为控制力矩,定扭矩扳手需要事先对扭矩进行设置。通过旋转扳手手柄轴尾端上的销子可以设定所需要的扭矩值,手柄上的刻度可以读出扭矩值。扳手的另一端装有带方头的柱体,可以安装套筒。在拧紧时,当扭矩达到设定值时,操作人员会听到扳手发出响声并有所感觉,从而停止操作。这种扳手的优点是预先可以设定拧紧力矩,操作人员需要在操作过程中读数。操作完毕后,应将定扭矩扳手的扭矩设零。

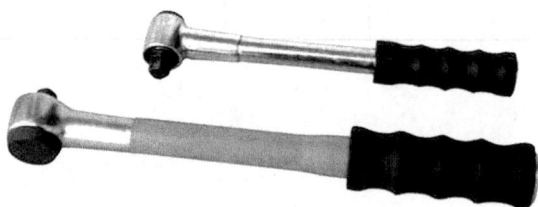

图 3-3　定扭矩扳手

（3）控制螺母扭角法和控制扭矩法的两种扭矩扳手缺点是大部分的扭矩都是用来克服螺纹摩擦力和螺栓、螺母及零件之间接触面的摩擦力。使用定扭角扳手(图 3-4)时，通过控制螺母拧紧时应转过的角度来控制预紧力。操作时，先用定扭角扳手对螺母施加一定的预紧力矩，使夹紧零件紧密地接触。然后在角度刻度盘上将角度设定为零，再将螺母扭转一定角度来控制预紧力。使用这种扳手时，螺母和螺栓之间的摩擦力不会对操作产生影响。这种扳手主要用于汽车制造以及钥制结构中螺栓的预紧。

图 3-4　定扭角扳手

（4）控制螺栓伸长法

通过使用液力拉伸器使螺栓达到规定的伸长量来控制预紧力，螺栓不承受附加力矩，误差较小。

（5）扭断螺母法

在螺母上切一定深度的环形槽，扳手套在环形槽上部，以螺母环形槽处的扭断来控制预紧力。这种方法误差较小、操作方便。但螺母本身的制造和修理重装时的难度较大。

以上四种控制预紧力的方法仅适用于中小型螺栓，对于大型螺栓，可用加热拉伸法。

（6）加热拉伸法

用加热法(加热温度一般小于 400℃)使螺栓伸长，然后采用一定厚度的垫圈(常为对开式)或螺母扭紧弧长来控制螺栓的伸长量，从而控制预紧力。这种方法误差较小，其加热方法有以下四种：

①火焰加热用喷灯或氧乙炔加热器加热，这种方法操作方便。

②将电阻加热器放在螺栓轴向深孔或通孔中，加热螺栓的光杆部分，常采用低电压(＜45V)、大电流(＞300A)。

③将导线绕在螺栓光杆部分进行加热。

④将蒸汽通入螺栓轴向通孔中进行加热。

三、保证可靠的防松装置

螺纹连接一般都具有自锁性，在静载荷下不会自行松脱，但在冲击、振动或交变载荷的作用下，牙之间正压力会突然减小，使摩擦力矩减小，螺母回转，螺纹连接松动。

螺纹连接应有可靠的防松装置，以防止摩擦力矩减小和螺母回转，常用螺纹防松装置主要有以下几类：

（1）用附加摩擦力防松的装置

①锁紧螺母（双螺母）防松

这种装置使用了主、副两个螺母（图3-5），先将主螺母拧紧至预定位置，然后再拧紧副螺母。当拧紧副螺母后，在主、副螺母之间的螺杆因受拉伸长，使主、副螺母分别与螺杆牙形的两个侧面接触，产生正压力和摩擦力。当螺杆受某个方向的突变载荷时，能始终保持足够的摩擦力，起到防松作用。这种防松装置由于需要两只螺母，因此增加了结构的尺寸和重量，一般用于低速重载或载荷较平稳的场合。

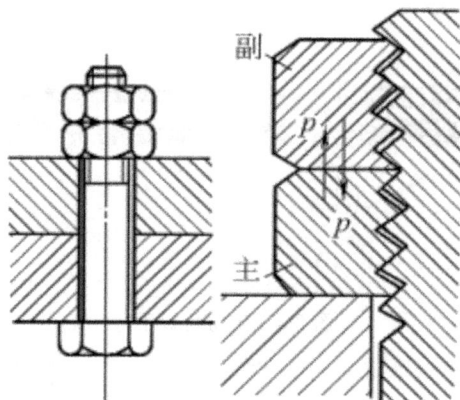

图 3-5　锁紧螺母防松

②弹簧垫圈防松

a. 普通弹簧垫圈防松

如图3-6所示，这种垫圈是用弹性较好的65Mn材料制成的，开有70°～80°的斜口，并在斜口处有上下拨开的间距。把弹簧垫圈放在螺母下，当拧紧螺母时，垫圈受压产生弹力，顶紧螺母，从而在螺纹副的接触面间产生附加摩擦力，防止螺母松动并用斜口的楔角分别抵住螺母和支承面，有助于防止回松。这种防松装置容易刮伤螺母和被连接件表面，同时由于弹力分布不均，螺母容易偏斜，但它构造简单，防松可靠，一般应用在不经常装拆的场合。

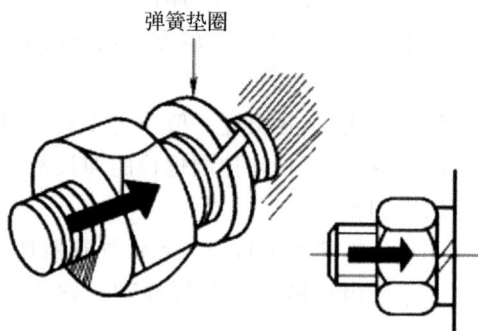

图 3-6　弹簧垫圈防松

b. 球面弹簧垫圈

球面弹簧垫圈（图3-7）应用于螺栓可调节的场合，调节量最大可达3。

c. 鞍形弹簧垫圈和波形弹簧垫圈

鞍形（图3-8）和波形（图3-9）弹簧垫圈可制作成开式和闭式两种。使用开式或闭式的波形弹簧垫圈时，由于其接触面不在斜口处，因而不会损坏零件的接触表面。闭式鞍形和波形弹簧垫圈主要用于汽车车身的装配，适用于中等载荷，由于汽车车身表面比较光滑，此处的防松完全依靠弹力和摩擦力。

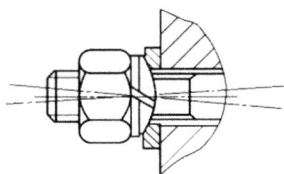

图 3-7　球面弹簧垫圈　　　　图 3-8　鞍形弹簧垫圈　　　　图 3-9　波形弹簧垫圈

d. 杯形弹簧垫圈

其形式和鞍形弹簧垫圈一样(图 3-10),只不过其弹性更大而已。

e. 有齿弹簧垫圈

此类型弹簧垫圈可分为开式外齿垫圈和开式内齿垫圈,以及闭式外齿垫圈和闭式内齿垫圈(图 3-11)。有齿弹簧垫圈所产生的弹力可满足如电气等轻型结构的紧固需要,它的缺点是在旋紧过程中,易使接触面变得十分粗糙。

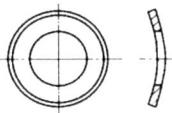

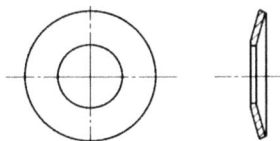

图 3-10　杯形弹簧垫圈　　　　　　图 3-11　有齿弹簧垫圈

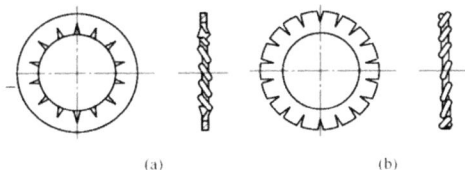

③自锁螺母

防松自锁螺母将一个弹性尼龙圈或纤维圈压入螺母缩颈尾部内的沟槽内,圈的内径在螺纹小径与中径之间(图 3-12)。当旋紧螺母时,此圈将变形并紧紧包住螺杆,从而防止螺母松开。此外,此圈还可保护螺母内的螺纹部分,防止螺母内的螺纹腐蚀。这种自锁螺母可重复使用多次。

④扣紧螺母

扣紧螺母必须与普通六角螺母或螺栓配合使用(图 3-13),弹簧钥扣紧螺母的齿需适应螺纹的螺距。在拧紧时,其齿会弹性地压在螺栓齿的一侧,防止螺母回松。旋松扣紧螺母时,首先须将六角螺母旋紧,使扣紧螺母的齿与螺栓之间压力减小,利于其旋松。扣紧螺母上一般有六个或九个齿。

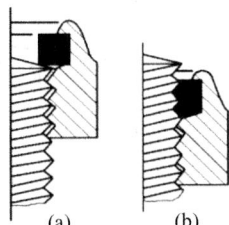

图 3-12　自锁螺母防松　　　　　　图 3-13　扣紧螺母的应用

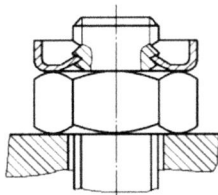

⑤DUBO 弹性垫圈

DUBO 弹性垫圈(图 3-14)具有双重作用,既可以防止回松,也可以防止泄漏。被锁紧的螺母不可过度旋紧,旋紧时要求缓慢。防松用的弹性垫圈可多次使用。当用高性能等级的钢制螺栓时,应使用钢质杯形弹性垫圈(无齿或有齿)。有齿杯形弹性垫圈有三种功能:

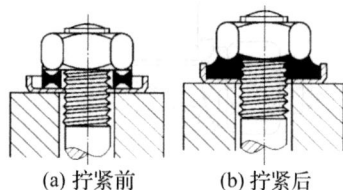

(a) 拧紧前　　(b) 拧紧后

图 3-14　DUBO 弹性垫圈

a. 用作弹簧垫圈。

b. 使紧固后变形的 DUBO 弹性垫圈有良好的变形包围螺母外表面。

c. 使紧固后变形的 DUBO 弹性垫圈一部分挤入被连接件和螺栓间的空隙内。

(2)利用零件变形防松的装置

此类防松零件既安全又廉价,在装配过程中,防松零件通过变形来阻止螺母的回松。通常在螺母下和螺栓头下安装止动垫片,止动垫片通常用钢或黄铜制成,由于变形(弯曲)的原因,只可使用一次。

图 3-15 所示为带耳止动垫片用来防止六角螺母回松的应用实例,当拧紧螺母后将垫片的耳边弯折与螺母贴紧。这种方法防松很可靠,但只能用于连接部分可容纳弯耳的场合。图 3-16 所示为圆螺母止动垫片防松装置,该止动垫片常与带槽圆螺母配合使用,用于滚动轴承的固定。装配时,先把垫片的内翅插入螺杆槽中,然后拧紧螺母,再把外翅弯入螺母的外缺口内。图 3-17 为一外舌止动垫片的应用实例,该止动垫片常安装于螺母或螺栓头部下面。图 3-18 为多折止动垫片的应用,多折止动垫片的功能与有耳止动垫片相似,但由于各孔间的孔距不同,故其需按尺寸进行定制。

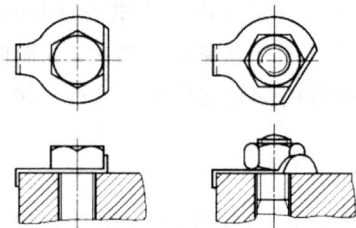

图 3-15　止动垫片的应用

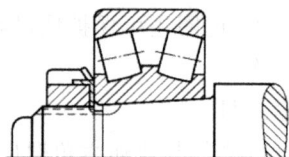

图 3-16　止动垫片在轴承装配中的应用

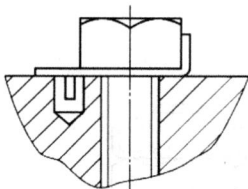

图 3-17　外舌止动垫片的应用

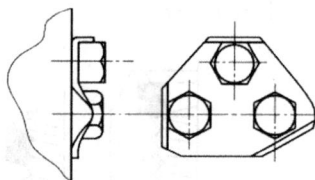

图 3-18　多折止动垫片的应用

（3）其他防松形式

①开口销与带槽螺母防松

这种防松装置可用于汽车轮毂的防松（图 3-19），此装置必须在螺杆上钻出一个小孔，用开口销把螺母直接锁在螺栓上防止螺母松开。为了能调整轴承的间隙，连接螺纹应采用细牙螺纹。操作时必须小心，因为连接如果松开，后果十分严重。此防松装置防松可靠，但螺杆上的销孔位置不易与螺母的最佳锁紧位置槽口吻合，多用于变载或振动的场合。

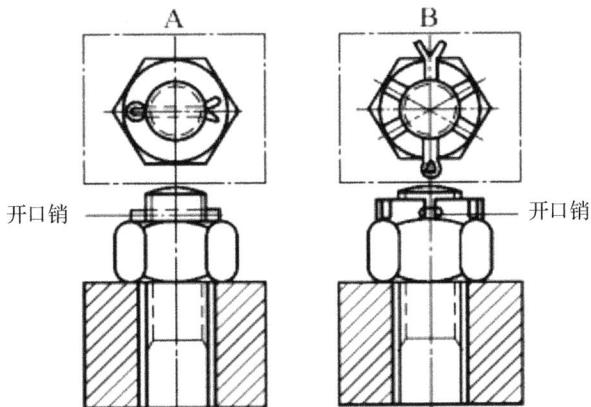

图 3-19　开口销与带槽螺母防松

②串联钢丝防松

用钢丝连接穿过一组铆钉头部的径向多折止动垫片使开口销能穿过螺杆（图 3-20），用钢丝连接穿过一组螺钉头部的径向小孔（或螺母和螺栓的径向小孔），以钢丝的牵制作用来防止回松。它适用于布置较紧凑的成组螺纹连接，装配时应注意钢丝的穿丝方向，防止螺钉或螺母有回松的余地。

③胶粘剂防松

正常情况下，螺栓和螺母的螺纹之间存在间隙，可以用胶粘剂注入此间隙内进行防松（图 3-21），但并非所有的胶粘剂都可用于螺纹间的防松，通常"厌氧性"的胶粘剂可用于这种用途。这种胶粘剂通常以树脂与固化剂组成的稀薄混合形式供应，只要氧气存在，固化剂即不起作用，在无空气场合下即发生固化。只要此液体胶注入窄的间隙中，不和空气接触，即可发生固化作用。这种防松粘接牢固，粘接后不易拆卸，适用于各种机械修理场合，效果良好。

在装配过程中也常将此类胶粘剂涂于装配的零件上，目前越来越多的螺栓和螺母在供应前已事先涂上干态涂层作为防松措施。这种干态涂层在装配时易破裂，从而释放一种活性物质流入螺纹间，填满间隙并使之固化，既起到防松又起到密封的作用。

干态涂层的应用是上述胶粘剂应用的一种变型，其在商业上以 Loctite Dri-L 的名称销售。这一涂层增大了螺纹牙间的挤压，使无涂层的齿侧间的压力增大，使附加的摩擦力阻止螺母的回松。这种防松适用于轻微的振动或有足够预应力的场合，也适用于需要重复调节的零件。

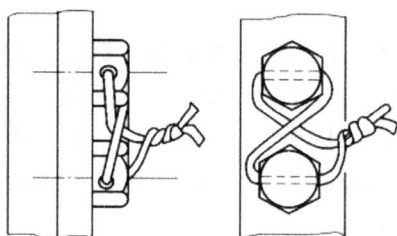

图 3-20　串联钢丝防松　　　　　　　　　图 3-21　胶粘剂防松

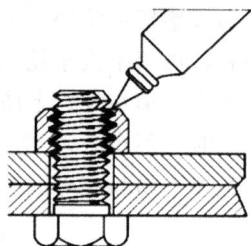

3.2　螺纹连接装配工艺

一、螺母和螺钉的装配要点

螺母和螺钉装配除了要按一定的拧紧力矩来拧紧以外,还要注意以下几点:

(1)螺钉或螺母与工件贴合的表面要光洁、平整。

(2)要保持螺钉或螺母与接触表面的清洁。

(3)螺孔内的脏物要清理干净。

(4)成组螺栓或螺母在拧紧时,应根据零件形状、螺栓的分布情况,按一定的顺序拧紧螺母。在拧紧长方形布置的成组螺母时,应从中间开始,逐步向两边对称地扩展。在拧紧圆形或方形布置的成组螺母时,必须对称地进行(如有定位销,应从靠近定位销的螺栓开始),防止螺栓受力不一致变形,螺纹连接的拧紧顺序见表 3-3。

表 3-3　螺纹连接的拧紧顺序见

分布形式	一字形	平行形	方框形	圆环形	多孔形
拧紧顺序简图					

(5)拧紧成组螺母时要做到分次逐步拧紧(一般不少于三次)。

(6)必须按一定的拧紧力矩拧紧。

(7)凡有振动或受冲击力的螺纹连接,都必须采用防松装置。

二、螺纹防松装置的装配要点

(1)弹簧垫圈和有齿弹簧垫圈不要用力将弹簧垫圈的斜口拉开,否则在重复使用时会加剧零件表面的划伤。根据结构选择适用类塑的弹簧垫圈,如圆柱形沉头螺栓连接所用的弹簧垫圈和圆锥形沉头螺栓连接所用的弹簧垫圈是不同的。有齿弹簧垫圈的齿应与连接零件表面相接触,对于较大的螺栓孔,应使用具有内齿或外齿的平型有齿弹簧垫圈。

(2)DUBO 弹性垫圈

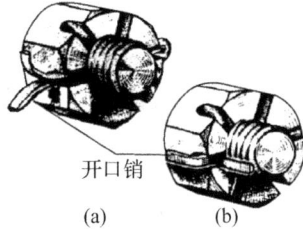

①必须将螺钉旋紧至 DUBO 弹性垫圈的外侧变形并包围螺钉头四周为止(图 3-22),这样螺栓就能产生足够的预紧力,完全锁紧,但不应过度旋紧螺钉。

②零件表面必须平整,有助于形成良好的密封效果。

③应根据螺栓接头的类型,使用合适的 DUBO 弹性垫圈,有关资料应由供应商提供。

④为增强密封效果,螺栓孔应越小越好,如对连接的要求很高,建议将 DUBO 弹性垫圈和杯形弹性垫圈或锁紧螺母配套使用。

⑤装配后必须将螺母再旋紧四分之一圈。

(3)带槽螺母和开口销的直径应和销孔相适应,开口销端部必须光滑无损坏。装配开口销时,应注意将开口销的末端压靠在螺母和螺栓的表面上,否则会出现安全事故(图 3-23)。

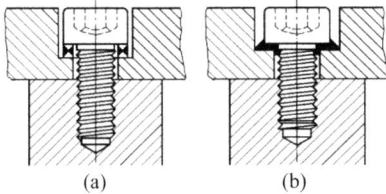

图 3-22　DUBO 弹性垫圈　　　图 3-23　带槽螺母和开口销

(4)胶粘剂防松通过液态合成树脂进行防松,如果零件表面相互间接触良好,胶粘剂涂层越薄,则防松效果越好。操作时,零件的接触表面必须用专用清洗剂仔细地进行清洗、脱脂,稍为粗糙的表面可增强粘接的强度。

3.3　孔轴类防松元件的装配

除了螺纹连接件的防松外,还有一类孔与轴的防松。此类防松零件,不仅是锁紧轴本身的防松零件,还用于锁紧装配在轴上的各种零件,常用的防松零件有键、销、紧定螺钉和弹性挡圈等。本节主要介绍弹性挡圈等防松零件的装配技术。

一、孔轴类防松元件

(1)矩形锁紧板

简单的矩形锁紧板(图 3-24)可用于轴的锁紧,防止其作径向的和轴向的移动。

(2)锁紧挡圈

旋转轴可通过锁紧挡圈(图 3-25)来进行轴向固定。这种挡圈滑套在轴上,然后用有锥端或坑端的紧定螺钉将其锁紧。使用锁紧挡圈的优点是可将轴制作成等径圆柱轴,轴上无需做出轴肩,但这种锁紧装置只可用于受力不大的场合。

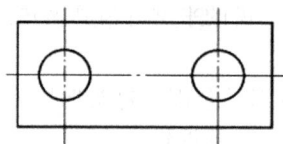

图 2-24　矩形锁紧板　　　　　图 2-25　锁紧挡圈

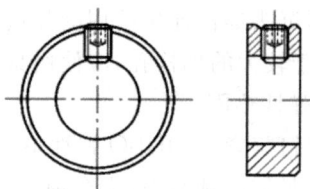

（3）弹性挡圈

弹性挡圈用于防止轴或其上零件的轴向移动，通常分为两大类，一类是轴用弹性挡圈，另一类是孔用弹性挡圈。

①轴用弹性挡圈具有内侧夹紧能力，如图 3-27（a）所示，用于轴上锁紧零件。其有平弹性挡圈（图 3-26（a））、弯曲弹性挡圈（图 3-26（b））、链面弹性挡圈（图 3-26（c））三种形式。平弹性挡圈常安装在经过精密加工的沟槽内，弯曲弹性挡圈成弯曲形状，可用于消除轴端游动，锥面弹性挡圈在其内周边上加工成锥面，用于轴上沟槽有锥面的场合。

(a) 平弹性档圈　　　(b) 弯曲弹性档圈　　　(c) 锥面弹性档圈

图 3-26　轴用弹性挡圈

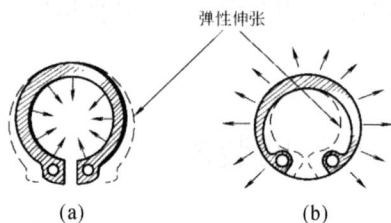

图 3-27　弹性挡圈的弹性　　　　图 3-28　开口挡圈

除此之外，还有一种开口挡圈具有自锁功能，与上述沿轴向安装的弹性挡圈相比，它们必须沿径向安装在轴上，如图 3-28 所示。

②孔用弹性挡圈（图 3-29）具有外侧夹紧能力（图 3-27（b）），用于孔内锁紧零件，与轴用弹性挡圈相同，也有平、弯曲和锥面三种形式（图 3-31），常用于滚动轴承、轴套、轴的固定（图 3-30）。

（4）弹簧夹和开口挡圈

弹簧夹和开口挡圈可制成多种形状，开口挡圈可用于大公差的预加工沟槽内（图 3-32）。多数场合中，弹簧夹的安装可不需用特殊工具，但要求零件上有专门形状的沟槽供其安装。此类锁紧装置适用于较小的结构（图 3-33、图 3-34）。

（5）锁紧销

锁紧销在零件的装配和调整中起着重要作用,可用于实现零件的锁紧,常用于零件间的精确定位。销是一种标准件,其种类较多,应用广泛,最多的是圆柱销及圆锥销。

图 3-29　孔用弹性挡圈

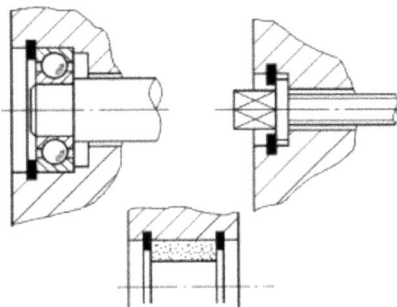

图 3-30　孔用弹性挡圈的应用

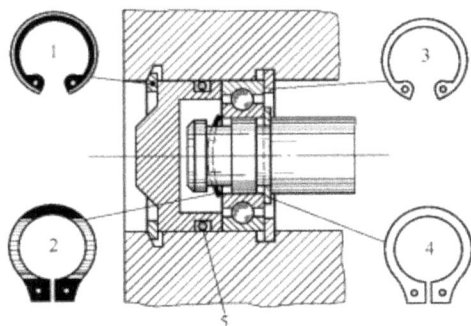

1—孔用锥面弹性挡圈　2—轴用弯曲弹性挡圈
3—孔用平弹性挡圈　4—轴用平弹性圈
图 3-31　弹性挡圈的应用

图 3-32　开口挡圈的装配

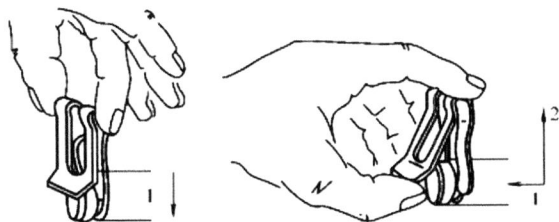

图 3-33　弹簧夹的装配与拆卸

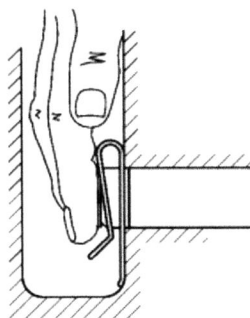

图 3-34　弹簧夹的应用

（6）键

键用来连接轴和轴上零件,主要用于周向固定和传递扭矩,如齿轮、带轮、联轴器等在轴上大多用键连接。它具有结构简单、工作可靠、装拆方便等优点,获得广泛应用。根据结构特点和用途不同,键连接可分为松键连接、紧键连接和花键连接三大类。

松键连接所用的键有普通平键、半圆键、导向平键及滑键等。它们靠键的侧面来传递扭矩,只能对轴上零件做周向固定,不能承受轴向力,轴上零件的轴向固定,要靠紧定螺钉、定位环等定位零件来实现。松键连接能保证轴与轴上零件有较高的同轴度,在高速精密连接中应用较多。

紧键连接主要指楔键连接,其分为普通楔键和钩头楔键两种。楔键的上下两面是工作面,键的上表面和键槽的底面各有 1:100 的斜度,键侧与键槽有一定的间隙,装配时需打入,靠楔紧作用传递扭矩。紧键连接还能轴向固定零件和传递单方向轴向力,但会使轴上零件与轴的配合产生偏心和歪斜,多用于对中性要求不高、转速较低的场合。另外,有钩头的楔键用于不能从另一端将键打出的场合。

花键连接是由轴和轴孔上的多个键齿组成,花键的连接承载能力高,传递扭矩大,同轴度和导向性好,对轴的强度削弱小,适用于大载荷和同轴度要求较高的连接中,但它的制造成本较高,常用于机床和汽车中。花键连接按工作方式可分为静连接和动连接,按齿廓形状可分为矩形花键、渐开线花键及三角形花键三种。矩形花键因加工方便,应用最为广泛。

二、装配技术要点

(1)弹性挡圈的装配要点

弹性挡圈工作的可靠性不仅取决于其自身,在相当程度上还取决于安装方式。将弹性挡圈装至轴上时,挡圈张开,将其装入孔中时,挡圈被挤压,从而使弹性挡圈承受较大的弯曲应力。所以在装配和拆卸弹性挡圈时,不应使弹性挡圈的工作应力超过其许用应力。也就是说,弹性挡圈的张开量或挤压量不得超出其许可变形量,否则会导致弹性挡圈的塑性变形,影响其工作的可靠性。

为简化弹性挡圈的装配和拆卸,可以采用一些专用工具,如弹性挡圈钳或具有锥度的心轴和导套等专用工具。但在安装弹性挡圈前,应先检查沟槽的尺寸是否符合要求,沟槽的尺寸可从有关手册表格中查找。当更换弹簧挡圈时,应确认所用弹性挡圈具有相同规格尺寸。

①专用心轴和导套

当使用专门设计的具有锥度的心轴和导套装配弹性挡圈时(图 3-35),应将其放置在轴颈或孔前端,沿轴向在挡圈上施加压力,使挡圈在移动的同时张开或挤压,顺利地装入沟槽内。心轴或导套上必须有定心边缘,使弹性挡圈能够对中安装。使用这种工具的优点是装配时间短,且装配时产生的弯曲应力不会超过弹性挡圈的许用应力。当将弹性挡圈装配至轴上时,将挡圈压至锥形心轴上的装配套端面上最好有一个深度较小的沉孔(图 3-36),其直径等于轴径和挡圈径向宽度的两倍之和,这样可使挡圈在装配过程中始终保持圆形。

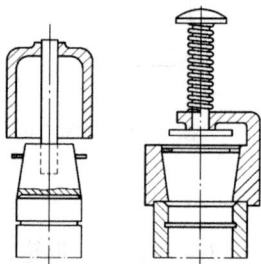

图 3-35 专用心轴和导套   图 3-36 弹性挡圈钳

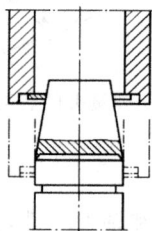

②弹性挡圈钳

弹性挡圈钳又称卡簧钳,弹性挡圈钳是用来装配和拆卸弹性挡圈的专用工具,通常有孔用弹性挡圈钳和轴用弹性挡圈钳。

弹性挡圈钳是用来装配和拆卸孔用弹性挡圈的(图 3-37(a)),当钳的两个把手相互靠近时,钳口也相互靠近,与普通老虎钳相似。而图 3-37(b)所示的弹性挡圈钳是用于装配和拆卸轴用弹性挡圈的,当两个把手相互移近时两个钳口却相对张开,由于两把手之间有弹簧,其钳口总是保持闭合的状态。为了适应不同结构的装配,两类弹性挡圈钳都各有直头和弯头两种类型。

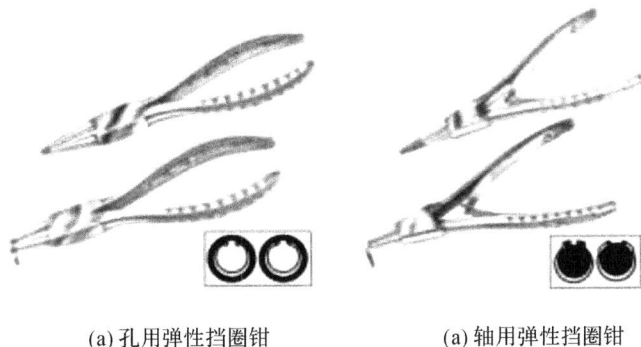

(a)孔用弹性挡圈钳　　　　　(a)轴用弹性挡圈钳

图 3-37　弹性挡圈钳

由于弹性挡圈有多种规格,必须注意选择与之相适合的弹性挡圈钳。一般情况下,弹性挡圈钳都标有相应的规格,说明该钳适用于哪种直径的弹性挡圈。

当使用弹性挡圈钳安装弹性挡圈时,其上最好装有可调的止动螺钉,这样可防止弹性挡圈在装配时产生过度变形。

在装配沟槽处于轴端或孔端的弹性挡圈时,应将弹性挡圈的两端首先放入沟槽内,然后将弹性挡圈的其余部分沿着轴或孔的表面推进沟槽,这样可使挡圈的径向扭曲变形最小(图 3-38)。

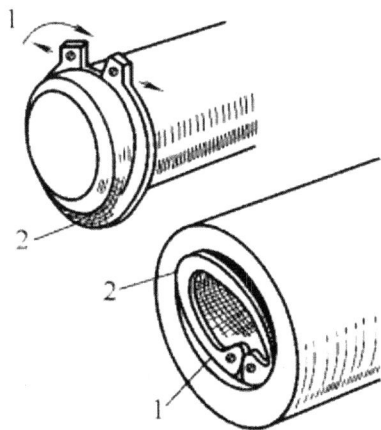

图 3-38　弹性挡圈的装配图

（2）销的装配要点

①圆柱销的装配

a. 圆柱销一般依靠过盈固定在孔中，装配前应检查销钉与销孔是否有合适的过盈量，一般过盈量在0.01mm左右为适宜。

b. 为保证连接质量，应将连接件两孔一起钻铰。

c. 装配时，销上应涂机油。

d. 装入时，应用软金属垫在销子端面上，然后用锤子将销钉轻轻打入孔中。

e. 在打不通孔的销钉前，应先用带切削锥的铰刀铰到底，同时在销钉外圆表面上用油石磨一通气平面（图3-39），否则由于空气无法排出，销钉无法打入。

图 3-39　带通气平面的销钉

②圆锥销的装配

a. 在装配圆锥销前，应将被连接工件的两孔一起钻铰。

b. 边铰孔边用锥销试测孔径，以销能自由插入销长的80％为宜。

c. 锤入销后，销子的大头一般以露出工件表面或一样平为适。

d. 不通锥孔内应安装带有螺孔的锥销，以免取出困难。

（3）键的装配要点

①松键连接的装配

a. 装配前应清理键和键槽的锐边、毛刺，以防装配时造成过大的过盈。

b. 对重要的键连接，装配前应检查键的直线度、键槽与轴心线的对称度和平行度。

c. 用键头与轴槽试配松紧，应能使键能够紧紧地嵌在轴槽中（普通平键、导向平键）。

d. 将键装在轴上，并对正键槽。

e. 键上和键槽内涂机油，用铜棒将键打入，两侧要有一定的间隙，键的底面与顶面要紧贴。

f. 配键时要用涂色法检查斜面的接触情况，若配合不好，可用锉刀或刮刀修整键或键槽。

g. 若是钩头紧键，不能使钩头贴紧套件的端面，必须留有一定的距离，以便拆卸。

②花键连接的装配

a. 静连接装配主要检查轴、孔的尺寸是否在允许过盈量的范围内，装配前必须清除轴、孔锐边和毛刺，装配时可用铜棒等软材料轻轻打入，但不得过紧，否则会拉伤配合表面，过盈量要求较大时，可将花键套加热（80～120℃）后再进行装配。

b. 动连接装配主要检查轴孔的尺寸是否在允许的间隙范围内，装配前必须清除轴、孔锐边和毛刺,用涂色法修正各齿间的配合,直到花键套在轴上能自动滑动,没有阻滞现象,但不应有径向间隙感觉。套件孔径若有较大缩小现象,可用花键推刀修整。

练一练

一、简述键的装配要点。

二、孔轴类防松原件有哪些?

三、动动手,发现生活中的防松件,并用手机记录下来。

第4章 轴承与轴的装配与调试

4.1 轴承的分类

轴承是支承轴颈的部件,有时也用来支承轴上的同转件,根据工作的摩擦性质可分为滑动轴承和滚动轴承两大类。滑动轴承根据支撑轴颈的油膜形成方式还可分为动压滑动轴承和静压滑动轴承两种。根据作用在轴承上力的方向,当作用在轴承上力与轴的中心方向一致时称为推力轴承,如果与轴的中心线垂直,称为向心轴承。

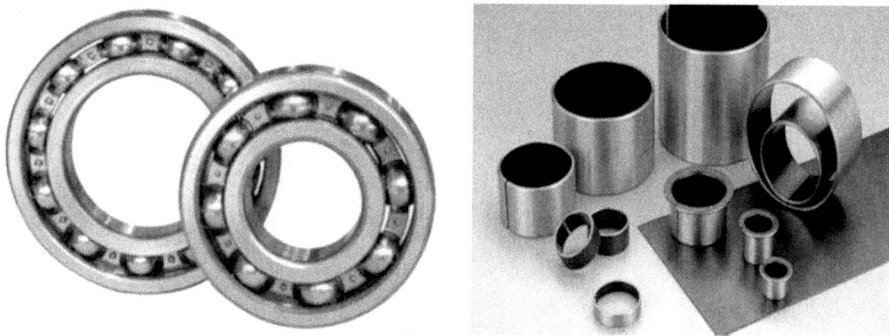

图 4-1 轴承

一、滑动轴承

滑动轴承由于其工作平稳可靠、无噪声、承载能力大,在大型设备和矿山设备得到广泛应用。

(1)由于滑动轴承与滚动轴承摩擦状态不同,其滑动表面可能出现的摩擦状态有四种:

①干摩擦

如果轴承严重缺油,轴瓦的轴颈与轴瓦的轴颈两摩擦表面直接接触。

②液体摩擦

两摩擦表面被一液体层完全隔开,摩擦性质取决于液体内部分子间黏性阻力。

③边界摩擦

两摩擦表面被吸附在表面的边界膜隔开,摩擦性质不取决于润滑油黏度,而与边界膜和表面的吸附性质有关。

④混合摩擦

实际使用中,两摩擦表面往往处于干摩擦、边界摩擦、液体摩擦的混合状态。

（2）滑动轴承承载油膜的形成

①动压滑动轴承承载油膜的形成

动压滑动轴承承载油膜在轴颈转动过程中自然形成，因为轴颈和轴承间总是有间隙存在，当轴颈开始转动时，随着转速逐步升高，轴颈沿轴承内壁上爬，使润滑油被轴颈由大口往小口带，此时轴颈和轴瓦不时发生表面接触摩擦。当转速足够高时，带入摩擦面间的油量充足，油压相应升高，形成楔状承载油膜将轴颈抬起正常运转。

②静压滑动轴承承载油膜的形成

静压滑动轴承承载油膜由外部供油装置将一定压力的润滑油通过节流元件送入摩擦面间，强制形成油膜，全部载荷由油膜上的液压力平衡，始终不会发生金属直接接触。其相比动压滑动轴承使用寿命长，精度保持性好，运转精度和承载能力都很高。

（3）向心滑动轴承的主要类型

常见的向心滑动轴承有整体式和剖分式两大类。

①整体式轴承

整体式轴承与轴承座为一体，轴套上开有油孔，在内表面上开有油沟输送润滑油。

②剖分式轴承

剖分式轴承由轴承座、轴承盖、部分轴瓦、螺栓组成。轴瓦是轴承直接与轴颈相接触的零件，轴瓦内壁设有油沟，润滑油通过油孔和油沟流入轴承间隙中进行工作。

（4）轴瓦材料和结构

滑动轴承的承载能力主要取决于轴瓦的结构和材料。对轴瓦材料的要求如下：

a.跑合性好，以便能在运转初期消除加工中产生的表面不平度，形成光滑的摩擦表面。

b.减摩性好，即材料具有较低的摩擦系数性质。

c.耐磨性好，此外还要求具有良好的耐腐蚀性、导热性、黏结性，并要求成本低和易加工。

符合这些要求的材料有：金属材料，如轴承合金、青铜等；粉末冶金材料，如含油轴承；非金属材料，如塑料等。

（5）轴瓦的结构（了解）

为了改善轴瓦表面的摩擦性质，常在其内表面上浇铸一层或两层减摩材料，通常称为轴承衬，所以轴瓦又可分为双金属轴瓦和三金属轴瓦。

二、滚动轴承

滚动轴承是将运转的轴与轴座之间的滑动摩擦变为滚动摩擦，从而减少摩擦损失的一种精密的机械元件。

（1）滚动轴承的基本结构和优缺点

在机械设备中，滚动轴承被广泛使用，其结构和优缺点分述如下：

①滚动轴承的基本结构

滚动轴承通常由内、外圈、滚动体和保持架四部分组成。保持架的作用是将滚动体彼此隔开，使它沿圆周方向均匀分布。内圈与轴颈配合，外圈与轴承座配合，工作时内圈随轴颈旋转而外圈不转。滚动体有球、圆柱、圆锥和滚针等多种。

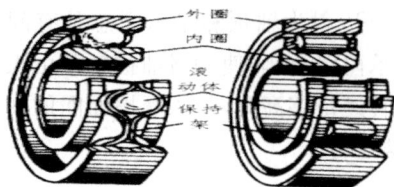

图 4-2　滚动轴承的基本结构

②滚动轴承的优缺点

优点：

a. 摩擦系数比滑动轴承小，功率损耗小，效率高。

b. 滚动轴承已经标准化，使用时可直接装配。

c. 滚动轴承轴向宽度比滑动轴承小，可使机器轴向机构紧凑。

d. 有些滚动轴承可同时承受轴向和径向载荷。

缺点：

a. 承受冲击载荷能力差。

b. 运转不够平稳，有震动。

c. 不能剖分，只能轴向装配。

d. 径向尺寸比滑动轴承大。

（2）滚动轴承的类型及代号

①滚动轴承的类型

a. 单列向心球轴承（类型代码 0）主要承受径向载荷，也能承受一定的轴向载荷，极限转速较高。

b. 单列向心短圆柱滚子轴承（类型代码 2）滚动体是短圆柱滚子。径向载荷能力大、刚性好，要求轴孔对中好，不能承受轴向载荷。

c. 推力球轴承（类型代码 8）套圈与滚动体分离，只能承受轴向载荷，不能承受径向载荷，不适宜在高速条件下使用。

d. 向心推力球轴承（类型代码 6）可承受径向载荷和轴向载荷，极限转速较高，这类轴承须成对使用，轴向间隙可用预紧方法来调整。

e. 圆锥滚子轴承（类型代号 7）的特性同向心推力球轴承，但承载能力大，极限转速低。

f. 双列向心球轴承（类型代号 1）轴承有双排滚球，外圈内表面是以轴承中点为心的球面，这类轴承能自动调心，适用于多支点和挠曲变形比较大的传动轴。

g. 滚针轴承（类型代号 4）这类轴承的滚动体为滚针，数量较多，径向结构紧凑且承载能力大，但不能承受轴向载荷。

②滚动轴承的代号

代号规定的表示方法如图 4-3 所示，数字代表位数。

a. 内径尺寸代码

下图数字代表位数

拼音字母	七	六	五	四	三	二	一
□	□	□	□	□	□	□	□
精度等级代号	宽度系列代号	结构型式代号	轴承类型代号	直径系列代号	内径尺寸		

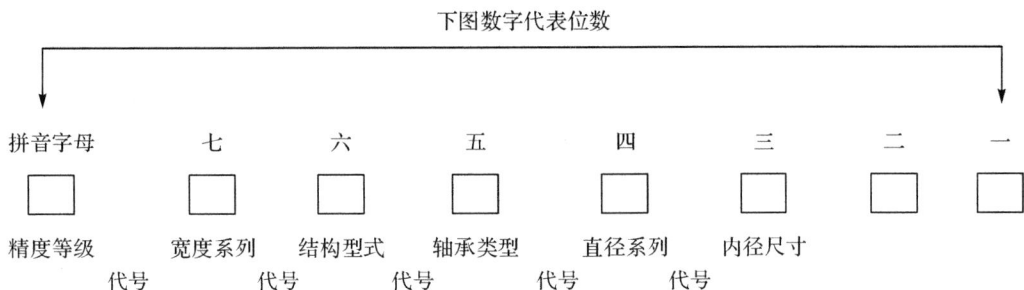

图 4-3　滚动轴承的代号

自右至左第一、二位数字表示轴承内径,当轴承内径在 20～495mm 范围内时,内径等于内径代号乘以 5,表 4-1 为轴承内径代号:

表 4-1　轴承内径代号

内径代号	00	01	02	03	04—99
轴承内径(mm)	10	12	15	17	20—495

b. 直径系列代号、宽度系列代号

第三位数字是指同一内径轴承有各种不同的外径,可分为超轻、特轻、轻、中与重系列。第七位数字是宽度系列代号,是指同一内径和外径的轴承有各种不同的宽度,分为特窄、窄、正常、宽和特宽系列。

c. 第四位数字表示轴承类型代号。

d. 第五、六位数字表示轴承结构型式代号。

e. 拼音字母表示精度等级,滚动轴承精度等级有 B、C、D、E、G 五个等级,B 级最高,G 级最低。G 级精度的轴承应用最广,在代号中不必标出。

③滚动轴承的选择原则

各类滚动轴承特性不同,选用轴承应考虑以下几个因素:

a. 负荷的方向和性质。

b. 对调心性能的要求。

c. 对轴承转速的要求。

d. 经济性。

4.2　轴承的装配

为了使轴承正常工作,使用正确的安装方法至关重要。轴承为特定应用的选型、安装和拆卸方法应在设计阶段初步确定,安装过程应尽可能在干净无尘的空间中进行。

灰尘和碎屑会影响轴承的内部间隙,对轴和轴承的精确配合造成影响。微小的灰尘会影响外圈外径,甚至使紧密的配合产生缝隙,这将导致轴承的外圈转动不顺。轴上的灰尘会造成轴与密封元件接触的部位磨损,导致润滑油泄漏,另外灰尘与润滑油混合会形成研磨混合物,导致轴承磨损。

轴承安装时才能将其包装拆除。新型轴承有化合物防锈涂层。隔绝空气和水分。大多数的轴承制造商使用的涂层不易消除,但它能和石油类润滑油相容。当使用合成油和合成润滑脂时,化合物保护层必须被清除。随着合成烃类油和油脂的使用,复合涂层可不被清除。轴承包裹防水复合纸中,应注意不要让轴承掉落。轴承不应暴露在可能导致冷凝的易变温度环境下,而指纹可以成为生锈的起点。轴承装配有三种基本方法:冷装配合法、热装配合法、液压装配法。

一、冷装配合法

轴承外径小于 100mm 时可用套筒、锤子或重压进行冷装(图 4-4)。通常使用普通锤子,不宜使用带软金属头的锤子,因为金属碎屑可能会脱落进入轴承。套筒末端的表面应平整,无毛刺。

在装配或拆卸过程中,轴会被装夹在老虎钳中,因此保护轴不被钳口损伤很重要。更换的轴承必须与失效轴承的型号相同。轴承和轴设计时应相互配合,不能做任何改变,除非重新设计。

如果轴承和轴配合过松,可能出现滑移现象,这将使轴温过高,并导致轴承内圈与轴颈表面的磨损。如果压装配合过紧,轴承的内圈将被拉伸,滚子或滚珠就没有空隙自如旋转。

轴承应当被设计成过盈配合,否则滚子和滚道会被损坏导致过早失效。为了方便安装并减少损坏的风险,对装配的轴承支座应轻轻涂抹一层薄油膜。

有时需要对内环进行压装配合,若内圈旋转时外圈上有不平衡负荷,可能导致外圈蠕滑。压紧力必须同时作用在内圈与外圈上,否则会损坏轴承(图 4-5)。

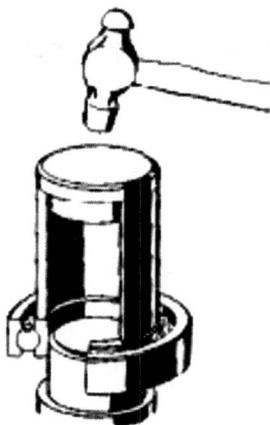

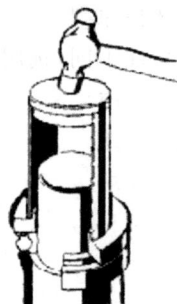

图 4-4　冷装配合法　　　　　　　图 4-5　轴承的有效压紧

如果球面滚子轴承的内圈在不平衡负载情况下旋转,可用针穿过轴承外圈的油孔,防止外圈蠕滑。

二、热装配合法

热装配合法通过让待配合的两个部分获得不同的温度后进行过盈配合,使装配更容易,所需要的温度差可以以下方式获得:

（1）热处理一部分（最常用的方法）。

（2）冷却的一部分。

（3）同时加热,冷却一部分。

无论直孔和锥孔,任何轴承尺寸都适合温度差分法。由于所需设备的原因,冷装方法应尽可能用于外径小于 100mm 的轴承。

最常用的轴承装配方法是内圈与轴过盈配合安装,外圈安装时带一条细线使配合变松。外径超过 100mm 的永久轴承,需加热整个轴承或轴承内圈,使内环容易套入轴。可分离轴承只需要加热内圈。轴承应均匀加热,最高温度 121℃。加热轴承方法有热油浴、热板、感应加热器、烤箱等。注意密封轴承不能进行热油浴。

热油浴是最常用的方法,使用时油和容器都应干净（图 4-6）。应使用最低闪点高于 149℃ 的淬火油。油浴中油的使用量和轴承体积大小相关,用量不足会使加热和冷却速度过快,从而增大了轴承的热量过盛和加热不均。

应当在油浴锅底部安装网架,可防止轴承与温度较高的底部直接接触,也减少轴承受底部污染的影响。

轴承在油浴加热后,其内圈在安装前应用干净的无尘布擦拭。一旦轴承加热完成,应当立即放置在轴上并到位。如果装配中没有定位,或者当前不能被锁

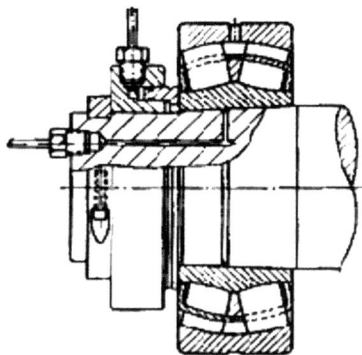

图 4-6　热油浴

定,应使用一些安装工具来抵挡轴肩内环直到内圈充分冷却被紧固在轴上。如果不这样做,内圈很有可能偏离轴肩。

三、液压装配法

这是圆锥孔轴承冷装配合的一个简化方法,它挤压配合表面的油层,从而大大减少装配所需的轴向力。装置通常附带一个有 10000 磅最大压力的手动泵。

装配时注入的油应该采用 SAE 20 或 30,应绝对干净,这不仅是为了保护轴承和支座,而且避免油路堵塞。

轴承设计时,外圈表面有一条油槽和液压系统螺母的末端反馈线相连,并带圆锥孔,方便球面滚子轴承的装配和拆卸。

（1）轴承装配前的清洗

热清洗适用于防锈油脂防锈的轴承,使用塑料保持架的轴承不能采用此法,会使保持架变形。轴承出厂前已加入润滑剂的,也不能热清洗,冷清洗时也不能让清洗剂浸入轴承内部。热清洗的方法有蒸汽冲、热水淋和热油泡等。蒸汽只能用低压气,油要用轻质矿物油。三种方法都应注意不要让轴承超温（小于 130℃）,否则接近或达到轴承钢的回火温度,会使轴承硬度下降、寿命缩短。热清洗冷却后,还要用汽油或煤油清洗一次。

冷清洗就是用清洗剂在常温下清洗,清洗剂要根据防锈剂确定。对防锈油保护的轴承,宜用汽油或煤油清洗。对用气相剂、防锈水和其他水溶性防锈材料保护的轴承,宜用皂类清洗剂清洗。清洗过的轴承要用压缩空气吹干后方可开始装配。

（2）轴承在轴上的装配

装配前应检查轴颈和轴承孔径上的尺寸是否符合标准，如果轴承孔径与轴的配合为间隙配合时可采用冷装，应使用软金属铜棒将力均匀地施加在过盈配合的轴承套上，轴承与轴套内的间隙不应大于 0.05mm。热装法一般适用于装配过盈较大的大中型轴承，轴承一般在油中加热，加热时应注意将轴承挂在油中或放在网栅（距槽底 50～70mm）上，不应直接放在槽底上。因为容器底部至油面的温度递减，底部直接受热，温度比其他部位高出许多。温度计也要挂在油中，温度计的下端要与轴承的下端所处高度基本一致，才能准确反映油温。加热前要根据过盈量确定加热的终温，轴承内孔受热膨胀的大小。

（3）轴承向箱体上的装配

轴承外套与轴承座的接触面应达到要求配合的 2/3，即 120°范围，并与中心线对称。轴承外套与上盖的接触面不应小于配合面的 1/2，即 90°范围，并与中心线对称。使用 0.03～0.05m/n 塞尺无法塞入即可，剖分式的箱体的轴承外套与座及盖不应有"夹帮"现象。

（4）轴承安装后的检查

①一般检查

a. 转动零件是否与静止零件相摩擦。

b. 轴向紧固装置的安装是否正确。

c. 润滑油是否顺利地进入轴承内。

d. 密闭装置是否可靠。

②安装精度检查

a. 轴承内圈与轴的相互位置，轴承内圈（推力轴承为紧圈）要贴紧轴肩，可用漏光法和塞尺测量两种方法检查。漏光法就是把可移动的光源放在一侧，对准内圈与轴肩配合处，人在另一侧观察。如果整圈不漏光，则安装正确，如果局部漏光，若无毛刺及硬性杂物，轴肩也不倾斜，可用铜棒敲打内圈矫正。敲打点应与漏光处在轴的一条母线上，从另一端向漏光的一端敲打，慢慢校正。如果整圈漏光，且轴肩倒圆半径比轴承倒圆半径小就需要继续加压，直至消除漏光。如果内圈与轴肩的圆角之间有缝隙，应把轴承卸下，消除缺陷后重新安装。

b. 轴承外圈与轴承座挡肩的相互位置主要用塞尺检查。

4.2.1 滑动轴承的装配

一、整体式径向滑动轴承的装配

（1）装配前的准备

①准备所需的量具和工具。

②按照图纸要求检查轴套和轴承座的表面情况及配合过盈是否符合要求，然后根据轴颈加工轴套，并留出一定的径向配合间隙，其值约为 $(0.001～0.002)d$（d 为轴颈的直径，单位 mm）。

③按照图纸要求检查轴套油孔、油槽及油路，在确认油路畅通后方可进行装配。

（2）装配

①装配时可用压力机将轴套压入轴承内或用大锤将轴套打入轴承内。为了方便装配，轴套表面应涂上一层薄机油。

②用冷却法装配时，将轴套放入盛有液氮的容器中冷却，数分钟后将轴套取出，立即放

入轴承座中。注意装配中不能用手直接拿轴套,以防冻伤。

③紧固螺钉固定防止轴套转动或轴向移动。

④测量轴套内径和轴颈外径,检查其圆度、圆柱度和间隙,出现误差可以用刮研修正。

二、对开式径向厚壁滑动轴承的装配

装配过程主要包括清洗、检查、刮研、装配、间隙调整和压紧力的调整等步骤(图 4-7)。

(1)轴瓦的清洗和检查

①先用煤油、汽油或其他洗净剂将轴瓦清洗干净。

②检查轴瓦衬有无裂纹、脱壳、砂眼及孔洞。

③检查、测量轴瓦的磨损情况。

④检查上、下两瓦瓦口的平面接触情况,不允许有缝隙,若有缝隙,将造成润滑油的泄漏。

⑤检查轴瓦与轴承体的接触情况。

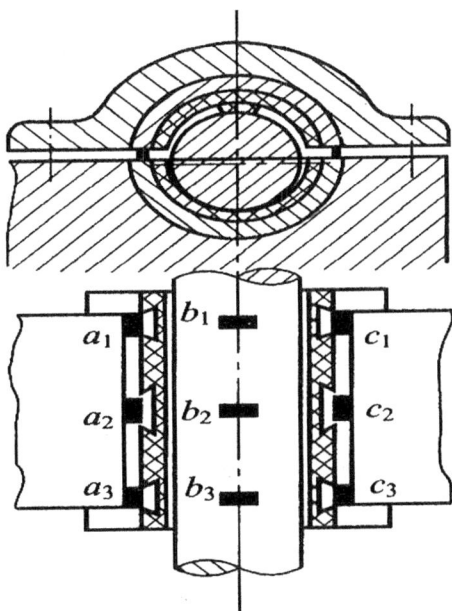

图 4-7　开式径向厚壁滑动轴承的装配

(2)轴瓦的刮研

①刮削接触面。装配或修理工作过程中可用涂色法检查,如未达到要求,则应用刮削轴承座与轴承盖的内表面或细锉刀加工轴瓦瓦背的方法来修正。

②刮削接触角。轴瓦与轴接触面所对的圆心角称为接触角,接触角不应过大或过小,一般在 $60°\sim90°$ 之间。当载荷大、转速低时,取较大角度,当载荷小、转速高时,取较小角度。

③开(刮出)油沟和坡口。

三、轴承的装配

(1)轴瓦与轴承座和轴承盖的装配为 H8/k6 配合,其过盈量为 $0.02\sim0.06\mathrm{mm}$。

(2)装配轴瓦时,可在轴瓦的接合面上垫一软垫(木板或铅板),用手锤将轴瓦轻轻地打

入轴承座或轴承盖内,然后用螺钉或销钉固定。

(3)轴承盖与轴承座之间用销钉、凹槽或榫槽定位。

四、轴承间隙的调整

配合间隙有顶间隙和侧间隙两种(图4-8),一般情况下可取顶间隙 $\Delta = (0.001 \sim 0.002)$ d(d 为轴颈的直径,单位 mm)。

在调整间隙前必须先检查和测量间隙,一般用压铅法来测量顶间隙,软铅丝或软铅条的直径为 $1.5 \sim 2$ 倍顶间隙,长度为 $10 \sim 40$mm,用塞尺检查轴瓦接合面间的间隙后,再用千分尺测出已被压扁的软铅丝的厚度,就可计算出轴承顶间隙的平均值。

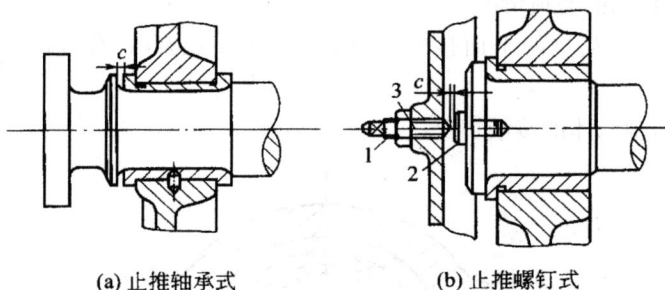

(a) 止推轴承式　　　　**(b) 止推螺钉式**

图 4-8　轴承配合调整型式

若实际测的顶间隙值小于标准值,应在上下瓦的接合面间加入垫片,若实际顶间隙大于标准值,则应减去垫片或刮削接合面进行调整。若侧间隙太小,可用刮削瓦口的方法来增大间隙。

五、轴向间隙的检查调整

将轴推移到一端的极端位置,用塞尺或千分表来测量,使 c 值达 $0.1 \sim 0.8$mm。当轴向间隙不符合要求时,可以通过刮削轴瓦端面或调整止推螺钉调整。

六、轴瓦弹力的调整

测量时把软铅丝分别放在轴瓦的瓦背上和轴承盖与轴承座的接合面上,测出软铅丝的厚度后可推出轴瓦的弹力。一般轴瓦压紧后的弹性变形量控制在 $0.04 \sim 0.08$mm 左右,如不符合要求,可增减轴承盖与轴承座接合面处的垫片厚度调整。

4.2.2　对开式径向薄壁滑动轴承的装配

一、轴瓦的清洗检查

由于薄壁瓦结构的特点,必须注意以下几点:

(1)由于薄壁瓦轴瓦合金层比较薄,一般为 $0.30 \sim 0.80$mm 左右,当轴瓦表面磨损较严重、发生咬伤而无法调整,以及轴承脱落或不能保证检修间隔等情况时,应更换轴瓦。

(2)大修时,如果其中有一片轴瓦因磨损过薄或损坏而不能继续使用时,应成套更新,中、小修时则允许更换个别瓦块。

二、轴瓦的刮研

一般情况下,薄壁轴瓦不允许刮研,确需刮研时应注意以下几点:

(1)应先将下轴瓦刮好后再刮上轴瓦。

(2)装在轴瓦和轴承座两边分开面间的调整垫片或补偿磨损垫片的厚度应相等。

(3)每片轴瓦左右两边刮研的轻重应一样。

(4)薄壁瓦要求接触角为 $135°$，接触点数为 $3\sim4p/cm^2$，并均匀分布。

三、轴瓦的调整与装配

(1)测量轴瓦间隙。

(2)垫片调整时最好每边只用一块调整垫片。

(3)轴瓦弹力的调整。

测量薄壁轴瓦过盈量的方法与厚壁轴瓦不同，式中的 h 通常取 $0.05\sim0.1mm$。

变形量过大时，可通过钳工修锉轴瓦的两个边缘来调整，变形量过小时，应更换轴瓦。

四、滚动轴承的装配

设备在运行初期及整个寿命周期都需进行定期维护与调整，特别是由于操作者经验不足，不能按规定对轴承进行检查与调整，使间隙不当，导致轴承发生跑内圆或外圆、卡住不转、温升过高等早期损坏，故障多为使用初期，包括拆卸重装后没有按规定及时调整轴承间隙等。因此，对滚动轴承的装配检查和调整需进行着重陈述。

(1)装配前的准备

①量具和工具的准备

②零件的检查

如轴、外壳、端盖、衬套、密封圈等零件的加工质量检查，与轴承相配合的表面不应有凹陷、毛刺、锈蚀和固体微粒等。

③零件的清洗

安装轴承前应用柴油或煤油清洗轴、壳体等零件，并用干净的布(不能用棉纱)将配合表面擦干净后涂上一层薄油，以利安装。所有润滑油路都应清洗、检查、保证通畅。

④轴承的清洗

用防锈油封存的轴承可用柴油或煤油清洗。两面带防尘盖或密封圈的轴承，在出厂前已加入了润滑剂，只要轴承内的润滑剂没有损坏或变质，安装时可不进行清洗。涂有带防锈润滑两用脂的轴承，在安装时也可不清洗。

轴承清洗后应立即填加润滑剂，涂油时应使轴承缓慢转动，使油脂进入滚动体和滚道之间。轴承用润滑油(脂)必须清洁，不得混有污物。

(2)轴承座的检修

①轴的检修

首先用千分表检查是否弯曲变形，若有变形应进行车、磨加工或校直。轴与轴承的配合面不应有毛刺或碰痕，轴肩对轴的垂直度，轴肩根部圆角半径等要进行测量。

②轴承座孔的检修

测量轴承座孔的圆度和圆柱度，检查轴承座孔轴挡肩的垂直度等。

(3)轴承的装配

①内圈与轴颈配合、外圈与轴承座配合的轴承安装，装配套管受锤击的端面应加工成球形。在无压力机或不能使用压力机的地方，可用装配套管和小锤安装轴承。

②内圈与轴松配合、外圈与轴承座紧配合轴承的安装,装配套管的外径应略小于壳孔的直径,并将轴承先压入轴承座中,然后再装轴。

③内圈与轴、外圈与轴承座都是紧配合轴承的安装,装配套管端面应加工成能同时压紧轴承内、外圈端面的圆环,并把轴承压入轴上和轴承座的孔中。此种方法适用于能自动调心的向心球轴承的安装。

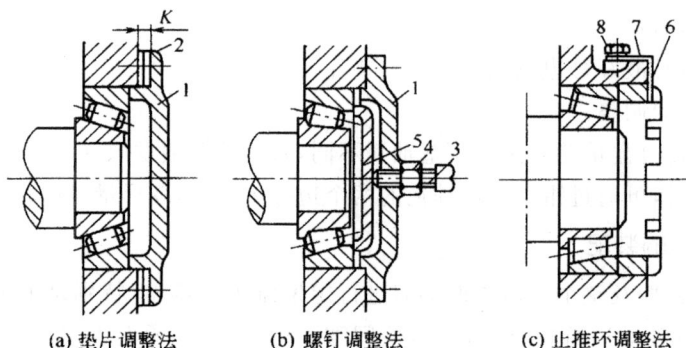

(a) 垫片调整法   (b) 螺钉调整法   (c) 止推环调整法

图 4-9   轴承装配的调整方法

④轴承的热(冷)装方法

热装前把轴承或可分离型的轴承的套圈放入油中均匀加热至 $80\sim100℃$(不应超过 $100℃$)后取出,迅速装到轴上。滚动轴承采用冷装法装配时,一般不低于 $80℃$,以免材料发生冷脆现象。

⑤向心推力球轴承和圆锥滚子轴承的安装向心推力球轴承和圆锥滚子轴承常常是成对安装,在安装时应调整轴向游隙(图 4-9)。

⑥推力轴承的紧圈与轴一般为过盈配合,活圈与轴承座轴承孔按规定留有间隙,因此这类轴承较容易装配。双向推力轴承的紧圈应在轴向固定,以防相对移动。

操作要求为:

a.检查与轴一起转动的紧圈同轴中心线的垂直度。

b.双向推力球轴承或两只单向推力球轴承对置装配在水平轴上时,要求精确调整轴向间隙。

c.检查轴承中不旋转的推力座圈(活圈)和轴承座孔的间隙 a,此间隙 a 对于 $\phi90mm$ 的轴承为 $0.5mm$,对于 $\phi100mm$ 以上的轴承为 $1.0mm$。

(4)轴承的游隙调整

①轴承在工作时,由于负荷的作用以及内外组圈温差的影响,将使游隙进一步发生变化,工作时轴承的实际游隙,用 u_g 表示,通常 $u_o > u_g > u_p$。

②轴向游隙的调整

对于角接触球、圆锥滚子和推力等属于调整式的轴承,游隙可在安装和工作中进行调整,方法如前所述。

(5)轴承的预紧

轴承预紧目的是提高轴承支撑的刚度、提高轴的旋转精度以及降低轴的振动和噪声。预紧分为轴向预紧和径向预紧,轴向预紧又分定位预紧(图 4-10)和定压预紧(图 4-11)。

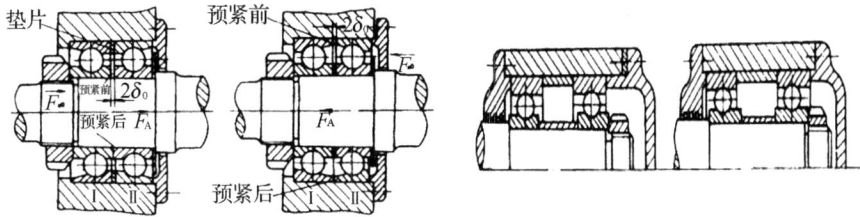

图 4-10　轴承的定位预紧

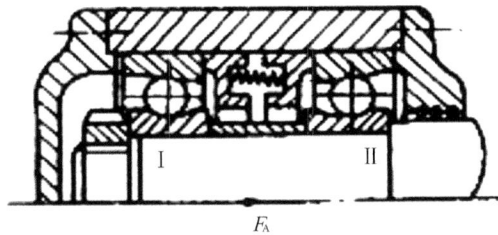

图 4-11　轴承的定压预紧

轴承预紧的方式有：

①定位预紧

②定压预紧

③径向预紧

具体操作如前叙轴承的装配。

4.2.3　轴承的拆装

安装时,应使用专用工具将轴承平直均匀地压入,不要用手锤敲击,特别禁止直接在轴承上敲击。当轴承座圈与座孔的配合松动时,应当修复座孔或更换轴承,不要采用在轴承配合表面上打麻点或垫铜皮的方法勉强使用。安装时勿直接锤击轴承端面和非受力面,应以压块、套筒或其他安装工具(工装)使轴承均匀受力,切勿通过滚动体传动安装。安装表面可涂上润滑油,使安装更顺利。如配合的过盈较大,应把轴承放入矿物油内加热至 $80\sim90℃$ 后尽快安装,油温应严格控制不超过 $100℃$,以防止回火效应使硬度降低以及影响尺寸恢复。

轴承拆卸时应使用合适的拉器将轴承拉出,不要用凿子、手锤等敲击轴承(图 4-12)。在拆卸遇到困难时,建议在使用拆卸工具向外拉的同时向内圈上小心地浇洒热油,热量会使轴承内圈膨胀,使其较易脱落。

拆卸轴承是为了定期检修,如果拆下的轴承准备继续使用,在拆卸时绝对不可对滚动体施加拆卸力。过盈配合的轴承拆卸难度大,应特别注意不得损伤轴承。

轴承内圈与轴为过盈配合,外圈与轴承座为间隙配合。如轴承装于分离型座孔中时,将轴与轴承一起从座中全部拆出,后用压力机从轴上拆卸轴承,也可用专用工具将轴承从轴上拆下。可分离型轴承在拆卸时也可使用专用拉马或压力机将轴承外圈从座孔中拆出,拆卸

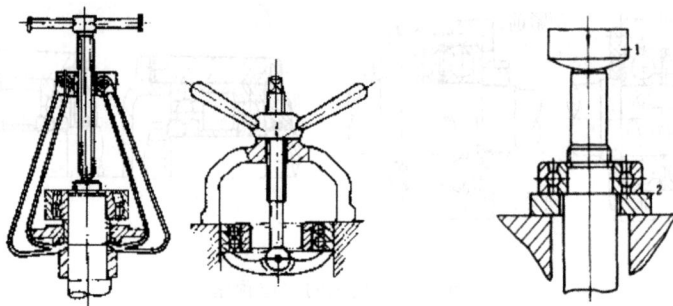

图 4-12 轴承的拆卸

大型轴承时需采用油压法简化拆卸就,使用该法的前提是当轴承的配合部位具备供高压油引入的油道和油槽。此外,与安装轴承一样,也可对轴承进行加热后再拆卸。

练一练

一、简述滚动轴承的优缺点。

二、轴承装配有几种方法,作用是什么?

三、轴承的拆装要注意什么?

四、观察 THMDZT-1 机械装调工作台的机械装置中有哪些轴承?

第 5 章　常用传动机构的装配与调试

机械传动有多种形式,主要可分为两类:

(1)靠机件间的摩擦力传递动力或运动摩擦传动,包括带传动、绳传动和摩擦轮传动等。摩擦传动容易实现无级变速,适应于轴间距较大的传动场合,其过载打滑还能起到缓冲和保护传动装置的作用。但这种传动一般不能用于大功率的场合,也不能保证准确的传动比。

(2)靠主动件与从动件啮合、借助中间件啮合传递动力或运动啮合传动,包括齿轮传动、链传动、螺旋传动和谐波传动等。啮合传动能够用于大功率的场合,传动比准确,但一般要求较高的制造精度和安装精度。

本章学习的就是常见传动机构的装配与调试。

5.1　带传动机构的装配

5.1.1　带传动介绍

如图 5-1 所示,带传动一般是由主动轮、从动轮、紧套在两轮上的传动带及机架组成。当原动机驱动主动带轮转动时,由于带与带轮之间摩擦力的作用,带动从动带轮一起转动,从而实现运动和动力的传递。

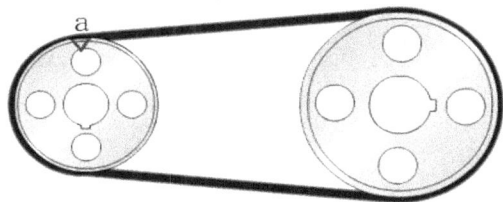

图 5-1　带传动

一、按传动原理分

(1)摩擦带传动

靠传动带与带轮间的摩擦力实现传动,如 V 带传动、平带传动等(图 5-1)。

(2)啮合带传动

靠带内侧凸齿与带轮外缘上的齿槽相啮合实现传动,如同步带传动(图 5-2)。

图 5-2　啮合带传动

二、按传动带的截面形状分

（1）平带传动

平带的截面形状为矩形，内表面为工作面。其结构简单，带轮易制造，但传递功率小（图 5-3）。

图 5-3　平带

（2）V 带传动

V 带的截面形状为梯形，两侧面为工作表面（普通 V 带、窄 V 带），传递功率大（图 5-4）。

图 5-4　V 带

（3）多楔带传动

多楔带是在平带基体上由多根 V 带组成的传动带，可传递很大的功率。其侧面兼有平带弯曲应力小和 V 带摩擦力大等优点，多用于传递动力较大、结构紧凑的场合（图 5-5）。

多楔带

图 5-5　多楔带

（4）圆形带传动

圆形带横截面为圆形，只用于小功率传动，牵引能力小，常用于仪器、家用器械、人力机械中（图 5-6）。

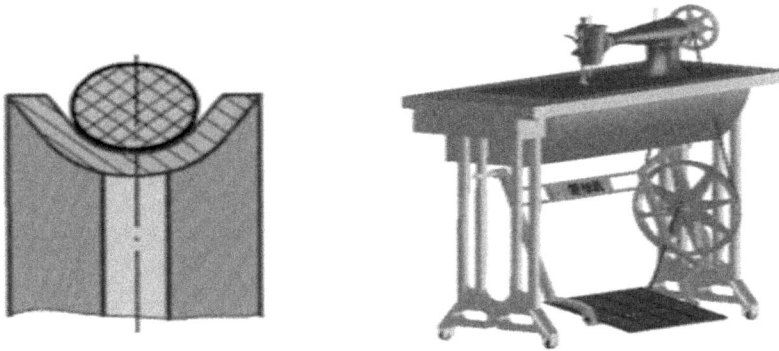

图 5-6　圆形带

（5）齿形带（同步带）

传动齿形带分直边齿廓齿形和渐开线齿廓齿形，其中直边齿廓齿形较为常见。梯型齿同步带除具有一般同步带传动的优点以外，因其齿形为方形，和圆弧齿形带轮相比较，可允许更大的线速度，满足较高转速的传动要求。

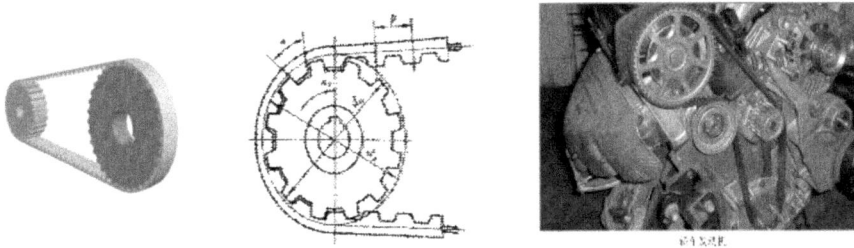

图 5-7　齿形带

三、按带传送的用途分

（1）传动带

主要用于传递动力（图 5-8（a））。

（2）输送带

主要用于输送物品（图 5-8（b））。

(a) 传动带　　　　　　　　　　(b) 输送带

图 5-8　传动带和传送带

5.1.2 V带轮的装调

一、V型带的安装

安装V型带时应先将其套在小带轮轮槽中,然后套在大轮上,边转动大轮,边用一字旋具将带拨入带轮槽中。装好后的V型带在槽中的正确位置如图5-9所示。

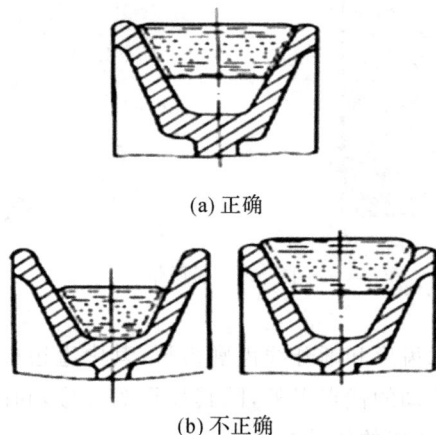

(a) 正确

(b) 不正确

图 5-9　V型带的安装

二、张紧力的检查

带传动是一种摩擦传动,适当的张紧力可保证带传动正常工作。张紧力不足时带将在带轮上打滑,使带急剧磨损,但张紧力过大则会使带的寿命降低,轴和轴承上作用力增大。另外,传动带工作一定时间后,将发生塑性变形,使张紧力减小。为能正常地进行传动,在带传动机构中都装有张紧力调整装置,其原理是靠改变两带轮的中心距来调整张紧力。当两带轮的中心距不可改变时,可用张紧轮张紧。

三、相对位置检查

带轮孔与轴为过渡配合、少量过盈、同轴度较高,并应用紧固件作周向和轴向固定。带轮与轴装配后,要检查带轮的径向圆跳动量和端面跳动量,还要检查两带轮的相对位置是否正确,如图5-10所示。

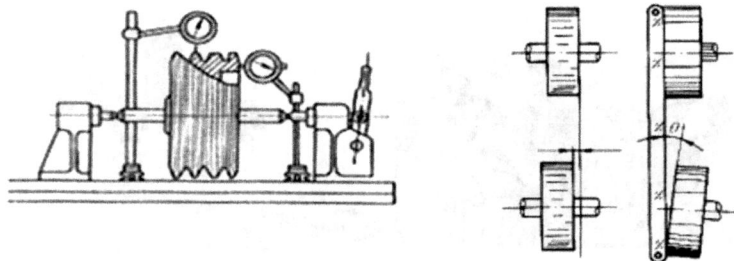

图 5-10　相对位置检查

5.1.3 带传动装配注意事项

（1）带轮的安装要正确，其径向圆跳动量和端面圆跳动量应控制在规定范围内。

（2）两带轮的中间平面应重合，其倾斜角和轴向偏移量不超过规定要求。一般倾斜角不应超过 1°，否则带易脱落或加快带侧面磨损。

（3）带轮的工作表面粗糙度要符合要求，一般为 $3.2\mu m$。表面过于粗糙，工作时加剧带的磨损，过于光滑，带的加工经济性差，且易打滑。

（4）带的张紧力要适当，张紧力过小，不能传递一定的功率，张紧力过大，带、轴和轴承都将加速磨损。

5.2 链传动机构的装配

5.2.1 链传动介绍

链传动是通过链条将具有特殊齿形的主动链轮的运动和动力传递到具有特殊齿形的从动链轮的一种传动方式。与带传动相比，链传动有许多优点，如无弹性滑动和打滑现象、平均传动比准确、工作可靠、效率高、传递功率大、过载能力强等，相同工况下的传动尺寸小、所需张紧力小、作用于轴上的压力小，能在高温、潮湿、多尘、有污染等恶劣环境中工作。但链传动仅能用于两平行轴间的传动、成本高、易磨损、易伸长、传动平稳性差、运转时会产生附加的动载荷、振动、冲击和噪声，不宜用在急速反向的传动中。

一、链传动的组成

链传动由主动链轮、从动链轮、跨绕在两链轮上的环形链条和机架组成，以链条作中间挠性件，靠链条与链轮轮齿的啮合来传递运动和动力（图 5-11）。

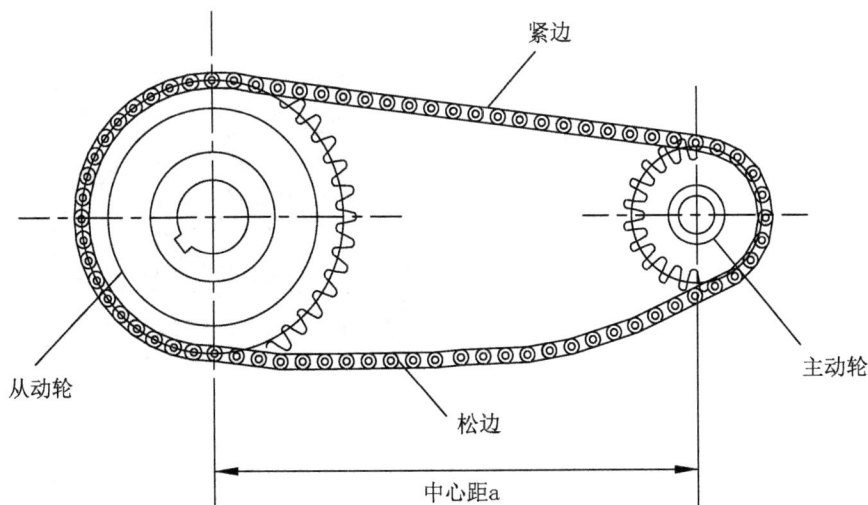

图 5-11 链传动

二、工作原理

两轮间以链条为中间挠性元件的啮合来传递动力和运动（图 5-12）

图 5-12　链传动的工作原理

链传动的类型有以下几类：滚子链、套筒链、齿形链，其中滚子链是最常见的链传动类型（5-13）。

图 5-13　滚子链

滚子链的结构如图 5-14 所示，它由内链板 1、外链板 2、销轴 3、套筒 4 和滚子 5 组成。链传动工作时，套筒上的滚子沿链轮齿廓滚动，可以减轻链和链轮轮齿的磨损。

图 5-14 所示滚子链的结构内链板与套筒之间、外链板与销轴之间为过盈连接，滚子与套筒之间、套筒与销轴之间为间隙配合，内、外链板均为"∞"型。

滚子链的组成及装配

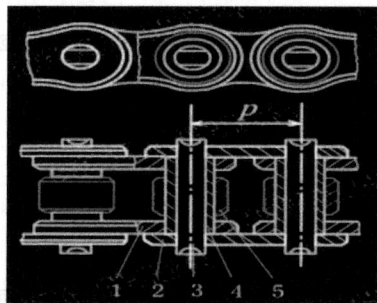

图 5-14　滚子链的结构

滚子链分为单排链、双排链（图 5-15）、多排链。排数越多，承载能力越高，但各排链受载不均现象越严重，故排数不宜过多。

链条的接头形式。如图 5-16 所示。

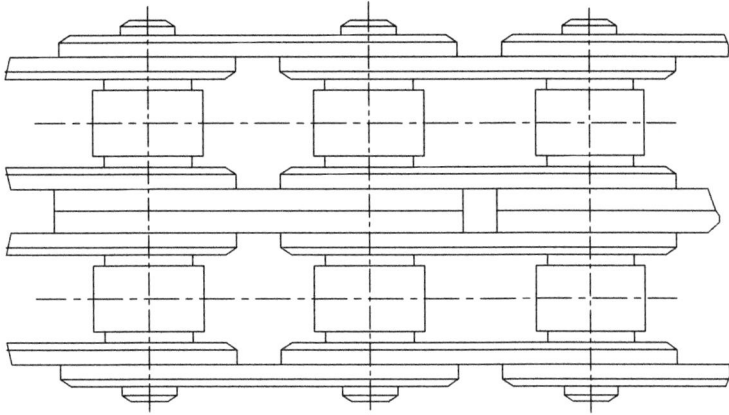

图 5-15　双排链

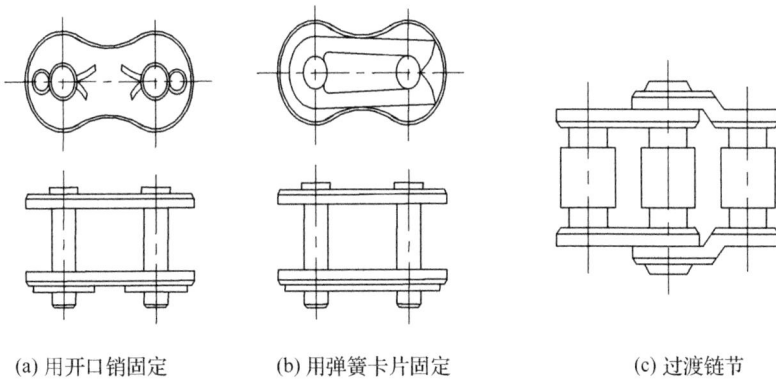

(a) 用开口销固定　　　　(b) 用弹簧卡片固定　　　　(c) 过渡链节

图 5-16　链条的接头形式

链的长度用链节数 L_p 表示。当链节数为奇数时,接头处须用过渡链节。为避免使用过渡链节,链节数最好为偶数。

5.2.2　链传动的应用特点

一、优点

(1)能保证准确的平均传动比。

(2)传动功率大。

(3)传动效率高,一般可达 $0.95 \sim 0.98$。

(4)可用于两轴中心距较大的情况。

(5)能在低速、重载和高温条件下,以及尘土飞扬、淋水、淋油等不良环境中工作。

(6)作用在轴和轴承上的力小。

二、缺点

(1)由于链节的多边形运动,所以瞬时传动比是变化的,瞬时链速度不是常数。

（2）链条的铰链磨损后，易脱落。

（3）工作时有噪声。

（4）对安装和维护要求较高。

（5）无过载保护作用。

5.2.3　链传动机构的装配

对于链条两端的接合，如两轴中心距可调节且链轮在轴端时，可以预先接好，再装到链轮上。如果结构不允许预先将链条接头连接好时，则必须先将链条套在链轮上，再用专用的拉紧工具进行连接（齿形链条必须先套在链轮上，再用拉紧工具拉紧后进行连接）。

链传动的布置是否合理，对传动的质量和使用寿命有较大的影响，布置时参照以下要求（图 5-17）：

（1）链传动的两轴应平行，否则会导致链的滚子对齿面的歪斜，产生很高的单边压力，导致滚子过载或碎裂。

（2）两链轮应处于同一平面，端面间的偏移（即链轮偏移）应小于中心距的 2%。

（3）一般宜采用水平或接近水平的布置，并使松边在下。

（4）一般应布置在铅垂平面内，并尽可能避免布置在水平或倾斜平面内。

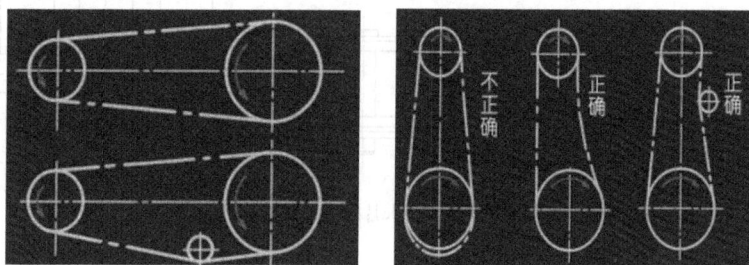

图 5-17　链的水平布置和垂直布置

（5）两链轮轴线必须平行，否则会加剧链条和链轮的磨损，降低传动平稳性并增加噪声。

（6）两链轮之间轴向偏移量必须在要求范围内，一般当两轮中心距小于 500mm 时，允许轴向偏移量为 1mm。当两轮中心距大于 500mm 时，允许轴向偏移量为 2mm。

（7）链轮的跳动量必须符合要求，可用划线盘或百分表进行检查。

（8）链条的下垂度要适当，过紧会加剧磨损，过松则容易产生振动或脱链现象。对于水平或 45°以下的链传动，链的下垂度应小于 2%（二链轮的中心距），倾斜度增大时，就要减少下垂度，在链垂直传动时，应小于 0.2%。

5.2.4　链传动的润滑和防护

润滑对链传动十分重要，对高速重载的链传动更重要。良好的润滑可缓和冲击、减轻磨损、延长链条的使用寿命（表 5-1）。

表 5-1　链传动的润滑

方　式	润滑方式	供油量
滴油润滑	装有简单外壳、用油杯滴油	单排链,每分钟供油 5～20 滴,速度高时取大值
油浴供油	采用不漏油的外壳,使链条从油槽中通过	链条浸入油面过深,搅油损失大,油易发热变质。一般浸油深度为 6～12mm
飞溅润滑	采用不漏油的外壳,在链轮侧边安装甩油盘,飞溅润滑,甩油盘圆周速度 $v>3$m/s,当链条宽度大于 125mm 时,链轮两侧各装一个甩油盘	甩油盘浸油深度为 12～35mm
压力供油	采用不漏油的外壳,油泵强制供油,喷油管口设在链条啮入处,循环油可起冷却作用	每个喷油口供油量可根据链节距及链速大小查阅有关手册

5.3　齿轮传动机构的装配

齿轮传动是机械中最常用的传动方式之一,它依靠轮齿间的啮合来传递运动和动力,在机械传动中应用广泛。

5.3.1　齿轮的介绍

齿轮可用来传递运动和动力,改变速度的大小或方向,还可将转动变为移动。

齿轮传动在机床、汽车、拖拉机和其他机械中应用广泛,其能保证一定的瞬时传动比,传动准确可靠;传递的功率和速度变化范围大,传动效率高;使用寿命长以及结构紧凑,体积小等优点。

但其也有一定缺点,如噪音大、传动不如带传动平稳、齿轮装配和制造要求高等。

齿轮传动装置由齿轮副、轴、轴承和箱体等主要零件组成,齿轮传动质量的好坏,与齿轮制造和装配的精度有着密切关系。

5.3.2　齿轮传动机构的装配

一、齿轮传动的精度要求

（1）传递运动的精确性

由齿轮啮合原理可知,在一对理论渐开线齿轮的传动过程中,两齿轮之间的传动比是确定的,此时传递运动是准确的。但由于齿轮的加工和齿轮副的装配不可避免地存在误差,使两轮的传动比发生变化,从而影响传递运动的准确性。在从动轮转动 360° 的过程中,两轮之间的传动比成周期性的变化,其转角往往不同于理论转角,发生了转角误差,导致传动运动的不准确。这种转角误差会影响产品的使用性能,必须加以限制。

（2）传动的平稳性

齿轮传动的过程中发生冲击、噪音和振动等现象会影响齿轮传动的平稳性,关系到机器的工作性能、能量消耗、使用寿命以及工作环境等。根据机器不同的使用情况,应提出相应的齿轮传动平稳性要求。分析产生齿轮传动不平稳的原因,主要是由于传动过程中传动比发生高频瞬变。

在从动齿轮转动一周的过程中,引起传递不准确的传动比变化只有一个周期,而引起传动不平稳的传动比变化有许多周期,这两者是不同的。实际上在齿轮传动过程中,上述两种传动比的变化同时存在。

(3)载荷分布的均匀性

两齿轮相互啮合的齿面在传动过程中接触情况如何将影响到被传递的载荷是否能均匀地分布在齿面上,这关系到齿轮的承载能力,也影响到齿面的磨损情况和使用寿命。

(4)传动侧隙的合理性

传动侧隙是指齿轮传递过程中,一对齿轮在非工作齿面间所形成的齿侧间隙。不同用途的齿轮,对传动侧隙的要求不同,因此应合理确定其数值。一般传递动力和传递速度的齿轮副,其侧隙应稍大,其作用是提供正常的润滑所必需的储油间隙,以及补偿传动时产生的弹性变形和热变形。对于需要经常正转或者反转的传动齿轮副,其传动侧隙应稍小,以免在变换转向时产生空程和冲击。

二、直齿圆柱齿轮的装配工艺及要求

(1)装配技术要求

①齿轮孔与轴的配合不得有偏心和歪斜,保证齿轮有准确的中心距和适当的齿侧间隙。侧隙太小,齿轮传动不灵活,甚至卡齿,会加剧齿面磨损。间隙太大,换向空程大,且会产生冲击。

②保证齿轮工作面有一定的接触面和正确的接触部位,这两者是相互联系的,如接触部位不正确,同时还会造成两啮合齿轮的相互位置误差。

③滑移齿轮不应有卡阻或阻滞现象,变换机构应保证有正确的错位量,定位准确。

④高速的大齿轮装配在轴上后还应做平衡检查,避免过大振动。具体要求主要取决于传动装置的用途和精度,并不是所有齿轮传动机构的要求都一样,如分度机构中的齿轮传动主要保证运动精度,而降低重载的齿轮传动主要要求传动平稳。

(2)装配工艺过程

①装配圆柱齿轮传动机构的顺序是先将齿轮装在轴上,再把齿轮轴部件装在箱体中。在将齿轮装到轴上后,可以空转、滑移或与轴固定连接,其结合方式有圆柱轴颈与半圆键、圆锥轴颈与半圆键、花键滑配、带固定铆钉的压配等。

②在轴上空转滑移的齿轮,齿轮孔与轴为间隙配合,装配后精度取决于零件本身的加工精度,装配后,齿轮在轴上不得有晃动现象。

③在轴上固定的齿轮的齿轮孔通常与轴有少量的过盈配合,多数为过渡配合,装配时需要加一定的外力。当过盈量较大时,一般用压力机压入,对于大型齿轮,装配时可用液压套合器套合,无论压入或套合,均要防止齿轮歪斜或发生变形。

④齿轮装在轴上后,可能会出现齿轮与轴偏心、歪斜和端面未贴紧轴肩等常见误差。

⑤精度要求高的齿轮传动机构,在齿轮压紧后需要检查齿轮的径向圆跳动量和端面跳动量。当齿轮孔与轴颈为锥面结合时,装配前则用涂色法检查内外锥面的接触情况,如贴合不良,可用三角刮刀对内锥面进行修刮,装配后的轴肩端面与齿轮端面应有一定的间距。

将齿轮部件装入箱体极为重要,装配的方法应根据轴在箱体中的结构特点而定。为了保证装配质量,装配前应对箱体的重要部件进行检查,检查的主要内容有孔和平面尺寸精度及几何形状精度、孔和平面的表面粗糙度、孔和平面的相互位置精度等。前两项检查比较简单,现具体介绍箱体孔和平面的相互位置精度的检查内容和方法。

①同轴线孔的同轴度误差检验

在成批生产中,用专用检验心棒检验该误差,若心棒能自由推入孔中,这说明几个孔的同轴度误差在规定的范围内。

当几个孔直径不等时,对于精度要求不高的,可用几种不同外径的检验套与检验心棒配合检验(图 5-18(a)),若要判断同轴度误差值,可用检验心棒与百分表配合检验,转动心棒一周即可测出同轴度误差值(图 5-18(b))。

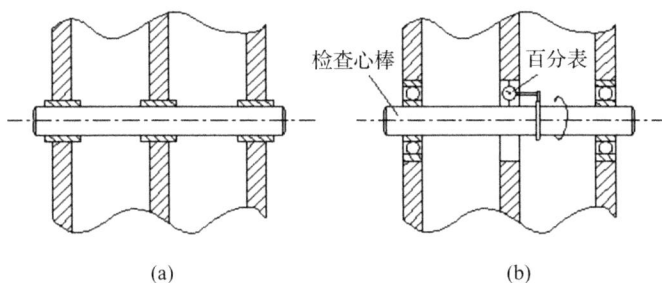

(a)   (b)

图 5-18 同轴线孔的同轴度误差检验

②齿轮啮合质量的检查

齿轮轴部件装入箱体轴承孔后,齿轮轮齿必须有良好的啮合质量。齿轮的啮合质量包括适当的齿侧间隙和一定的接触面积,测量齿侧隙的方法如下:

a. 用压铅线检验

在齿面沿齿宽两端平面放置两根铅线,宽齿放置 3～4 根,铅线直径一般不超过最小侧隙的 4 倍。转动齿轮挤压铅丝,其最薄处的尺寸即为侧隙。

b. 用百分表检验

将接触百分表测头的齿轮从一侧啮合转到另一侧啮合,百分表上的读数差即为齿侧间隙。

c. 接触面积检验

用涂色法进行检验相互啮合两齿轮的接触斑点,转动主动轮时需轻微制动,对双向工作的齿轮转动正反转都要检验。齿轮轮齿上接触斑点的分布面积在齿轮的高度方向不少于 30％～50％,在轮齿的宽度方向不少于 40％～70％,通过涂色法检验,还可以判断产生误差的原因(图 5-19)。

③产生接触斑点不良现象的主要原因和调整方法

a. 两齿轮轮齿同向偏接触

因为两齿轮轴线不平行,造成异向偏接触,两齿轮轴线歪斜,调整方法是在中心距允差范围内,刮研轴瓦或调整轴承。

b. 单向偏接触

两齿轮轴线不平行同时斜歪,调整方法同上。

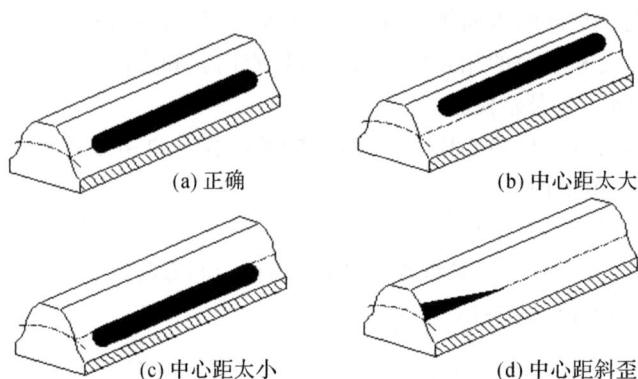

图 5-19　圆柱齿轮啮合接触印痕

c.游离接触

整个齿圈上接触区,由一边逐渐移至另一边,齿轮轮齿端面与回转重心线不垂直,应检查并校正齿轮端面与回转中心线的垂直度误差。

装配圆锥齿轮传动机构,工艺过程和检验方法与装配圆柱齿轮传动机构大致相同。

三、圆锥齿轮传动的装配工艺及要求

装配圆锥齿轮传动机构的顺序和装配圆柱齿轮传动机构的顺序相似。

（1）箱体检验

圆锥齿轮一般传递的是互相垂直的两根轴之间的运动,装配之前需检验两安装孔轴线的垂直度和相交程度。

（2）两圆锥齿轮轴向位置的确定

当一对标准的圆锥齿轮传动时,必须使两齿轮分度圆锥相切、两锥顶重合。装配时应据此确定小圆锥齿轮的轴向位置,即小圆锥齿轮的轴向位置按安装距离（小圆锥齿轮基准面至大圆锥齿轮轴的距离）来确定。若此时大圆锥齿轮轴尚未装好,可用工艺轴代替,然后按侧隙要求确定大圆锥齿轮的轴向位置,通过调整垫圈厚度将齿轮的位置固定。

（3）圆锥齿轮的装配质量的检验

装配质量的检验包括齿侧间隙的检验和接触斑点的检验。

①齿侧间隙检验

其检验方法与圆柱齿轮基本相同。

②接触斑点检验

接触斑点检验一般用涂色法。在无载荷时,接触斑点应靠近轮齿小端,以保证工作时轮齿在全宽上能均匀地接触。满载荷时,接触斑点在齿高和齿宽方向应不少于 40%～60%（随齿轮精度而定）。

5.3.3　蜗杆传动机构的装配

蜗杆传动机构用于传递空间相互垂直交叉轴之间的运动和动力,常用于转速需要急剧降低的场合。一般蜗杆为主动件,其轴线与蜗轮轴线在空间交叉 90°。蜗杆传动机构的优

点是结构紧凑、传动比大、工作稳定、噪音小、自锁性好,缺点是传动效率低、工作发热量大、需要有良好润滑(图 5-20)。

图 5-20　蜗杆传动机构

一、对蜗轮蜗杆传动安装的技术要求

(1)蜗杆中心线与蜗轮中心线相互垂直。

(2)蜗杆轴线应在蜗轮轮齿的对称中心面内。

(3)蜗杆与蜗轮间的中心距要准确。

(4)有适当的齿侧间隙。

(5)有正确的接触斑点。

由于蜗杆传动在工作时应传动灵活,所以蜗轮在任何位置旋转蜗杆时所需要的扭矩要大小不变,并无卡住现象。

二、蜗杆传动机构装配工艺过程

蜗杆传动机构的装配顺序,应根据具体结构而定。一般情况下,按下列顺序进行:

(1)组合式蜗轮应先将齿轮圈压装在轮毂上,压装方法与过盈装配相同,并用螺钉加以紧固。

(2)将蜗轮装在轴上,其装配与检验方法与装配圆柱齿轮相同。

(3)把蜗轮轴组件装入箱体,然后再装入蜗杆。因蜗杆轴的位置已由箱体孔决定,要使蜗杆轴线位于蜗轮轮齿的对称中心面内,可通过改变调整垫片厚度的方法调整蜗轮的轴向位置。

三、蜗杆传动机构装配质量的检验

(1)装配前箱体的检验

为了确保蜗杆传动机构准确度高的要求,需对蜗杆箱体上的蜗杆孔轴心线与蜗轮孔轴心线之间的垂直度和中心孔的正确性进行检验:

①箱体孔中心距进行检验测量时,将两根检验心轴分别插入箱体装配蜗轮轴和蜗杆的孔中,使其中一根心轴与平板平面平行后,再分别测量出两心轴至平板平面的距离,最后据

此测出两轴线之间的中心距。

②箱体孔轴心线之间的垂直度检验时,可先将心轴分别插入箱体上蜗轮轴和蜗杆的安装孔中,在其中一心轴上的一端套装百分表支架,并用螺钉紧固。用百分表测量头抵住另一心轴,旋转第一根心轴,百分表在第二根心轴上长度范围内的读数差,即为两轴线在长度内的垂直度误差。

四、蜗轮蜗杆配合精度检测

(1)通常用涂色法检验蜗轮啮合的质量,先将红丹粉涂在蜗杆的螺旋线上,并移动蜗杆,可在蜗轮轮箱上获得接触斑点(图 5-21(a))。当接触斑点表示蜗轮轴安装位置不对时(图 5-21(b)、(c)),应配垫片调整蜗轮的轴向位置(图 5-21(b)、(c))。接触斑点长度在轻载时为齿宽的 $25\% \sim 50\%$,满载时为齿宽的 90% 左右。

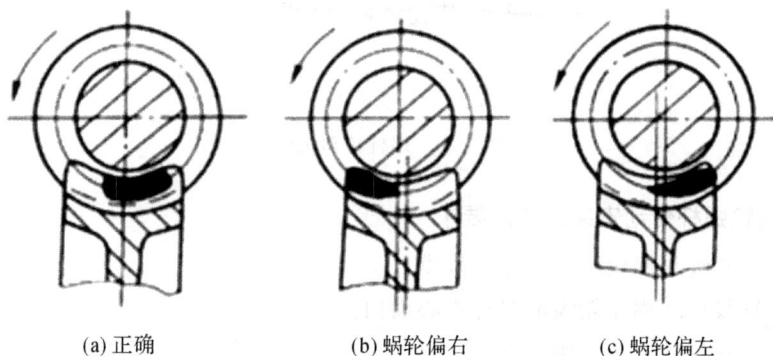

(a) 正确   (b) 蜗轮偏右   (c) 蜗轮偏左

图 5-21　用涂色法检验蜗轮齿面接触斑点

(2)由于蜗杆传动机构的机构特点,用铅丝或塞尺测量齿侧间隙比较困难。一般要用百分表测量,具体方法是在蜗杆上固定一个带量角器的刻度盘,将百分表测量头抵在蜗轮齿面上,用手转动蜗杆,在百分表指针不动的条件下,用刻度盘相对于固定指针的最大转角来判断侧隙的大小(图 5-22)。

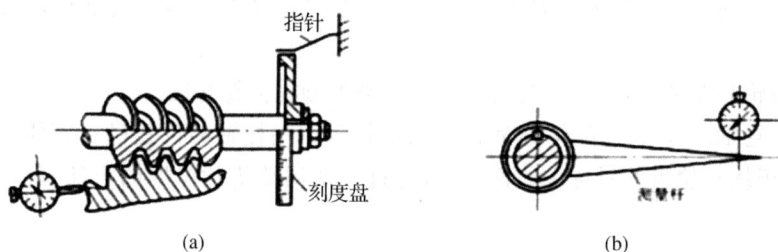

指针

刻度盘

(a)   (b)

图 5-22　齿侧间隙的检验

对于不重要的蜗杆传动机构,也可用手转动蜗杆,根据空程量的大小来判断间隙的大小。

5.3.4 螺旋传动机构的装配

螺旋传动机构可将旋转运动转换为直线运动,它具有传动精度高、工作平稳、无噪声、易于自锁、能传递较大的扭矩等特点。在机床中,螺旋传动机构得到广泛的应用。

一、螺旋副配合间隙的测量和调整

螺旋副的配合间隙是保证其传动精度的主要因素,分为径向间隙和轴向间隙两种。

(1)径向间隙的测量

径向间隙直接反映丝杠螺母的配合精度,其测量方法是使百分表触头抵在螺母上,用稍大于螺母重量的力压下或抬起螺母,此时百分表指针的摆量即为径向间隙值(图 5-23)。

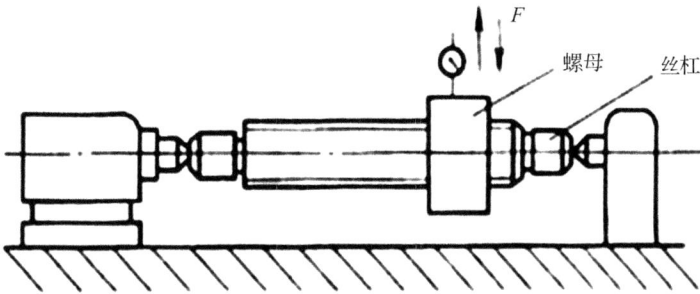

图 5-23　径向间隙的测量

(2)轴向间隙的消除和调整

丝杠螺母的轴向间隙直接影响其传动的准确性,进给丝杠应有轴向间隙消除机构(消隙机构)。下面分别对单螺母消隙机构和双螺母消隙机构的调整方式进行介绍。

①单螺母消隙机构

螺旋副传动机构只有一个螺母时,常采用图 5-24 所示的消隙机构使螺旋副始终保持单向接触。注意消隙机构的消隙方向应和切削力方向保持一致,以防止进给时产生爬行,影响进给精度。

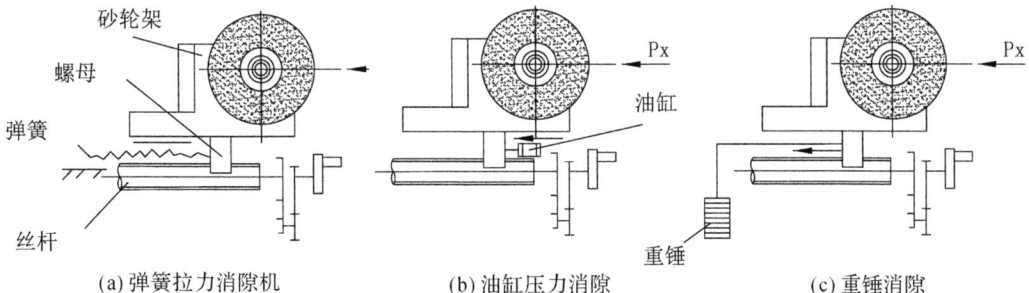

(a)弹簧拉力消隙机　　　　(b)油缸压力消隙　　　　(c)重锤消隙

图 5-24　单螺母消隙机构

②双螺母消隙机构

双向运动的螺旋副应用两个螺母来消除双向轴向间隙(图 5-25)。

图 5-25(a)所示为楔块消隙机构,调整时松开螺钉 3,再拧动螺钉 1 使楔块 2 向上移动,以推动带斜面的螺母右移,从而消除右侧轴向间隙,调好后用螺钉 3 锁紧。消除左侧轴向间隙时,则松开左侧螺钉,并通过楔块使螺母左移。

图 5-25(b)所示为弹簧消隙机构,调整时转动调整螺母 7,通过垫圈 6 及压缩弹簧 5,使螺母 8 轴向移动,以消除轴向间隙。

图 5-25(c)所示为利用垫片厚度来消除轴向间隙的机构,在丝杠螺母磨损后,通过修磨垫片 10 来消除轴向间隙。

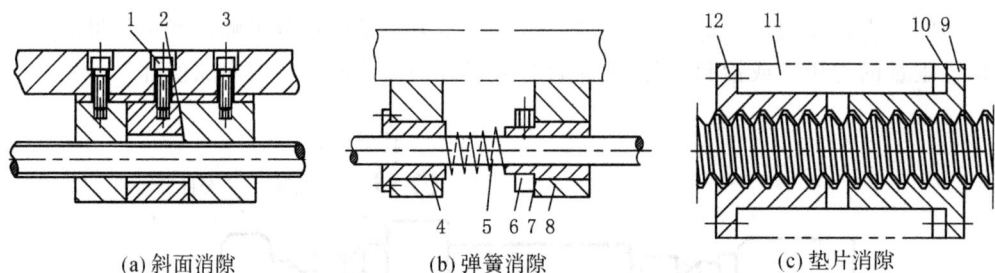

(a) 斜面消隙　　　　　(b) 弹簧消隙　　　　　(c) 垫片消隙

1、3—螺钉　2—楔块　4、8、9、12—螺母　5—弹簧　6—垫圈　7—调整螺母　10—垫片　11—工作台

图 5-25　双螺母消隙机构

二、校正丝杠与螺母轴心线的同轴度及丝杠轴心线与基准面的平行度

为了能准确而顺利地将旋转运动转换为直线运动,螺旋副必须同轴,丝杠轴线必须和基面平行,为此安装丝杠螺母时应按以下步骤进行:

(1)先正确安装丝杠两轴承支座,用专用检验心棒和百分表校正,使两轴承孔轴心线在同一直线上,且与螺母移动时的基准导轨平行(图 5-26)。校正时可以根据误差情况修刮轴承座结合面,并调整前、后轴承的水平位置,使其达到要求。

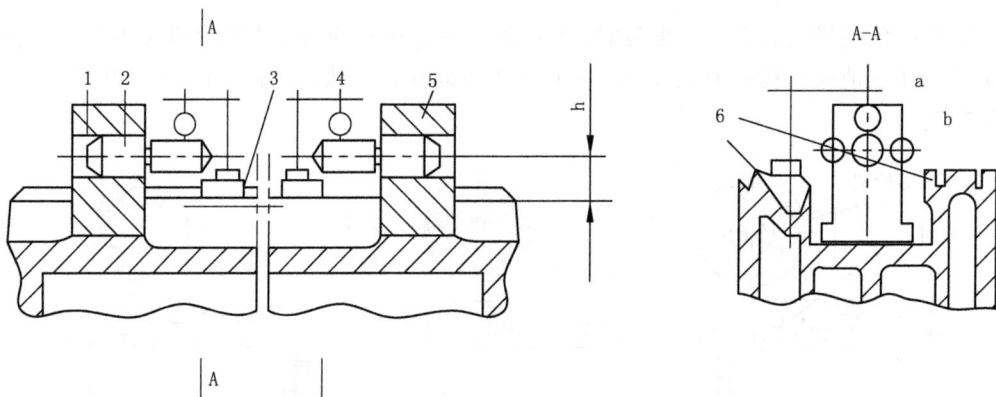

图 5-26　校正两轴承孔轴心线在同一直线上且与螺母移动时的基准导轨平行

(2)以平行于基准导轨面的丝杠两轴承孔的中心连线为基准,校正螺母与丝杠轴承孔的同轴度(图 5-27)。

(3)调整丝杠的回转精度。丝杠的回转精度是指丝杠径向跳动和轴向窜动的大小,装配时应通过正确安装丝杠两端的轴承支座来保证。

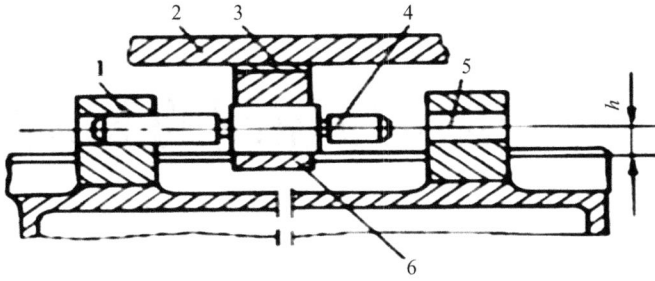

1、5—前后轴承座 2—工作台 3—垫片 4—检验棒 6—螺母座

图 5-27 校正丝杆与轴承孔的同轴度

练一练

一、机械传动有几种形式？

二、带传动装配的注意事项有哪些？

三、动动手，尝试修理自行车的链条。

第6章 机械与控制的装调实训

6.1 THMDZT-1型机械装配技能综合实训平台介绍

一、产品概述

本装置根据相关国家职业及行业标准,结合各职业学校、技工院校"数控技术及其应用"、"机械制造技术"、"机电设备安装与维修"、"机械装配"、"机械设备装配与自动控制"等专业的培养目标研制。主要培养学生识读与绘制装配图、零件图、钳工基本操作、零部件和机构装配工艺与调整以及装配质量检验等技能。提高学生在机械制造企业及相关行业一线工艺装配与实施、机电设备安装调试、维护修理、机械加工质量分析与控制、基层生产管理等岗位的就业能力(图 6-1)。

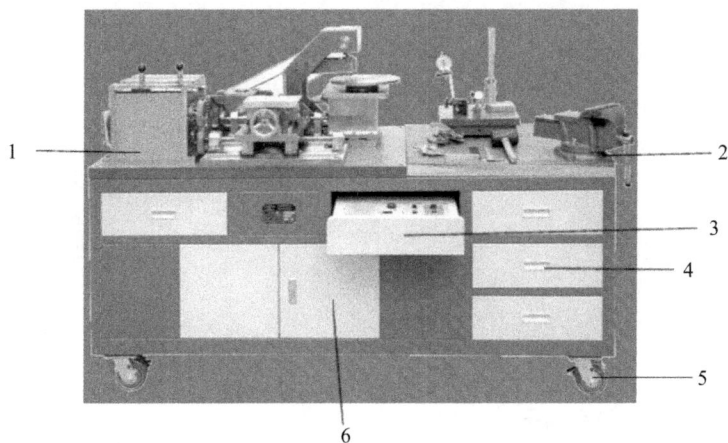

1—机械装调区域 2—钳工操作区域 3—电源控制线 4—抽屉 5—万向轮
图 6-1 THMDZT-1 型机械装配技能综合实训平台

二、产品特点

(1)实操性强

依据相关国家职业标准、行业标准和岗位要求设置各种实际工作任务,以职业实践活动为主线,在做中学习,真正提高学生的动手技能和就业能力。

(2)适用面广

基于机械装调技术中钳工的基本操作、装配、测量、调整、质量检验等工作过程进行设计,可满足实训教学、工程训练及职业技能竞赛的需要。

(3)模块化设计

由多种机械部件组成,如二维工作台、多级变速箱、间歇回转工作台、齿轮减速器和冲床机构等。既可将各部件作为独立的训练模块,也可将各部件组合成综合机械训练系统。

(4)综合性强

培养学生机械识图、常用工量具选择及使用、机械零部件和机构工艺与调整、装配质量检验等综合能力。

三、技术性能

(1)输入电源:单相三线~220V±10%,50Hz。

(2)交流减速电机 1 台:额定功率 90W,减速比 1∶25。

(3)外形尺寸(实训台):1800mm×700mm×825mm。

(4)设备重量:600kg。

(5)安全保护:具电流型漏电保护,安全符合国家标准。

四、系统组成与功能

本装置主要由实训台、动力源、机械装调对象(机械传动机构、多级变速箱、二维工作台、齿轮减速器、间歇回转工作台、冲床机构等)、装调工具、常用量具等部分组成。

(1)实训台

采用铁质双层亚光密纹喷塑结构,包括操作区域和机械装调区域两部分。操作区域主要由实木台面、橡胶垫等组成,用于钳工加工和装配各种机械零部件。机械装调区域采用铸件操作台面,学生可在操作平台上安装和调整各种机械机构。

(2)机械传动机构

主要由同步带、链、齿轮、蜗杆等传动机构组成,学生在平台上进行安装、调整与检测实习,掌握机械传动机构的装配与调整技能。

(3)多级变速箱

具有双轴三级变速输出,其中一轴输出带正、反转功能,顶部用有机玻璃防护。主要由箱体、齿轮、花键轴、间隔套、键、角接触轴承、深沟球轴承、卡簧、端盖、手动换挡机构等组成,可完成多级变速箱的装配工艺实训。

(4)二维工作台

主要由滚珠丝杆、直线导轨、台面、垫块、轴承、支座、端盖等组成,分上、下两层,上层手动控制,下层由多级变速箱经齿轮传动控制,实现工作台往返运行。工作台面装有行程开关,实现限位保护功能,能完成直线导轨、滚珠丝杆、二维工作台的装配工艺及精度检测实训。

(5)齿轮减速器

主要由直齿圆柱齿轮、角接触轴承、深沟球轴承、支架、轴、端盖、键等组成,可完成减速器的装配工艺实训。

(6)间歇回转工作台

主要由四槽槽轮机构、蜗轮蜗杆、推力球轴承、角接触轴承、台面、支架等组成。由多级变速箱经链传动、齿轮传动、蜗轮蜗杆传动及四槽槽轮机构分度后,实现间歇回转功能。能完成蜗轮蜗杆、四槽槽轮、轴承等的装配与调整实训。

(7)冲床机构

主要由曲轴、连杆、滑块、支架、轴承等组成,与间歇回转工作台配合,实现压料功能模拟,可完成冲床机构的装配工艺实训。

(8)动力源

配置交流减速电机、调速器、电源控制箱等,为机械系统提供动力源。电源控制箱带有调速电机电源接口,行程开关接口。

(9)装调工具

主要有套装工具(55件)、台虎钳、划线平板、拉马、圆螺母扳手、卡簧钳、紫铜棒、截链器等。套装工具由工具箱、内六角扳手、呆扳手、活动扳手、锉刀、丝锥、铰杠、划规、样冲、锤子、板牙、板牙架、螺丝刀、锯弓、尖嘴钳、老虎钳等组成。

(10)常用量具

主要由游标卡尺、游标万能角度尺、角尺、杠杆式百分表、千分尺、塞尺、深度游标卡尺等组成。通过使用量具进行测量,可使学生掌握常用量具的使用方法和机械装配的检测方法等。

6.2 THMDZP-2型机械装配技能综合实训平台介绍

一、产品图片

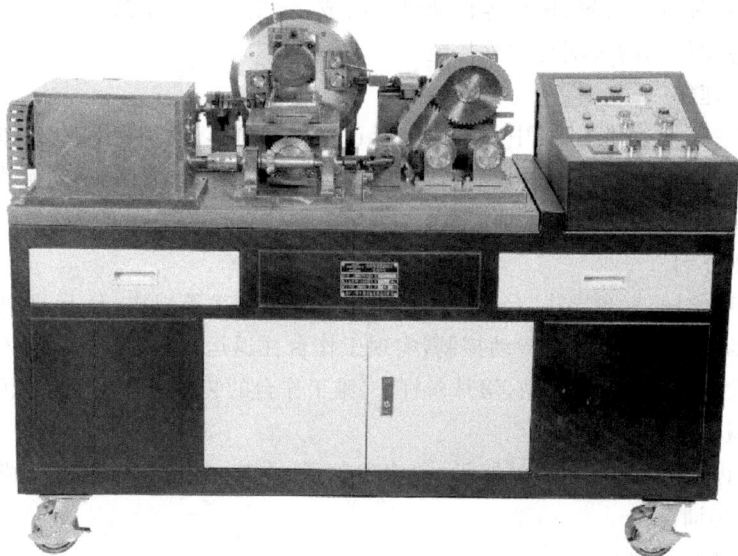

图 6-2 THMDZP-2型机械装配技能综合实训平台

二、产品概述

本实训平台依据机械、机电类中等职业学校的相关专业教学标准,紧密结合行业和企业的需求设计,该平台操作技能对接国家职业标准,贴合企业实际岗位能力要求(《机械设备安装工国家职业标准》《机修钳工》《组合机床操作工国家职业标准》),平台以工业现场的典型任务为实践项目,实现项目式教学,便于学生在"做中学、学中做",具有可操作性和实用性。通过完成机械设备识图、装配工艺的编写、零部件装配及调整、组合机床、典型机床及机床部件的装配与调整、装配质量检验、设备的调试、运行与试加工等任务,提高学生的综合职业能力,对中职加工制造类专业的机械装配实训室建设起到了示范和引领的作用(图 6-2)。

三、产品特点

(1)产品依据相关国家职业标准、行业标准、职业及岗位的技能要求,结合机械装配技术领域的特点,让学生在较为真实的环境中进行训练,锻炼学生的职业能力,提高职业素养。

(2)以实际工作任务为载体,根据机械设备装配过程及加工过程中的特点划分工作实施过程,分部件装配及调整、整机装配及调整、试加工等职业实践活动,着重培养学生机械装配技术综合能力。

四、技术性能

(1)输入电源:三相四线(或三相五线),AC380V±10%,50Hz。

(2)工作环境:温度−10～+40℃,相对湿度≤85%(25℃),海拔<4000m。

(3)三相异步电机:电压 AC380V,功率 60W。

(4)交流调速减速电机 1 台:额定功率 90W,减速比 1∶25,转速可调。

(5)交流减速电机 1 台:额定功率 40W,减速比 1∶3。

(6)外形尺寸:1500mm×700mm×1175mm(实训台)、900mm×700mm×1500mm(操作台)。

(7)安全保护:具有电流型漏电保护,安全符合国家标准。

6.3 THMDZT-1 型变速箱的装配与调整

一、任务引入

根据变速箱部装图(资源库-附图二)、提供的零部件及检测项目具体要求,选择合理的装配工艺。正确使用相关工具、量具完成变速箱部件(图 6-3)的装配与调整工作,使变速箱能够正常运转(包括变速功能)。

二、任务要求

(1)装配前的准备工作要充分,安装面应清理。

(2)拆卸、装配方法及步骤正确规范。

(3)在装配的过程中要求按装配的一般原则进行装配。

(4)在拆卸、装配及调试过程中,能正确使用工具、量具。

(5)在拆卸、装配及调试过程中,零部件及工具、量具的摆放应整齐,分类明确。

图 6-3　变速箱部装图

（6）用卡尺测量输入轴齿轮 34 的齿顶圆直径和齿根圆直径，并在考核表中填写。

（7）各零件无错装、漏装或损坏。

（8）完成变速箱装配后，检测其与二维工作台相连的输出轴的轴向窜动和装齿轮轴肩处的径向跳动。测轴向窜动时用黄油把 $\phi 8$ 的钢球粘在轴的端面用杠杆百分仪检测，检测好后将数据填入考核表中。

（9）按变速箱部装图（资源库-附图二），将变速箱装配完全，使变速箱运行平稳、换挡灵活。

三、任务目的

通过本任务学习，掌握变速机构与换向机构、齿轮传动、轴、轴上零件及齿轮几何尺寸的计算等知识，培养学生通过装配图正确装配变速箱的技能，装配后能进行空转试运行，能判断分析常见的故障并可以进行正确的调整。应主要了解与掌握以下几个方面的知识与技能：

（1）掌握变速箱（THMDZT-1 型）的拆卸工艺。

（2）掌握变速箱（THMDZT-1 型）的装配工艺。

（3）装配完成后，按技术要求进行合理调整。

四、任务准备

根据表 6-1 准备任务所需要的设备及工量具。

表 6-1　变速箱（THMDZT-1 型）的装配与调整任务所需设备及工量具准备

序号	名称	型号及规格	数量	备注
1	机械装调技术综合实训装置	THMDZT-1 型	1 套	
2	普通游标卡尺	300mm	1 把	
3	开槽圆螺母扳手		1 把	
4	内六角扳手		1 套	
5	橡胶锤		1 把	
6	外用卡簧钳		1 把	
7	防锈油		若干	
8	紫铜棒		1 根	

续表 6-1

序号	名称	型号及规格	数量	备注
9	螺丝刀		1 套	
10	零件盒		3 个	
11	轴承装配冲击套筒		1 套	
12	装配图		1 份	
13	圆螺母扳手		1 套	
14	拉马		1 只	
15	活动扳手		1 把	

五、知识链接

(1)变速箱(THMDZT-1 型)的结构和组成

此变速箱由两轴三级变速输出,其中一轴带反转功能,顶部用有机玻璃防护。主要由箱体、齿轮、花键轴、间隔套、键、角接触轴承、深沟球轴承、卡簧、端盖、手动换挡机构等组成,具体结构如图 6-4 所示。

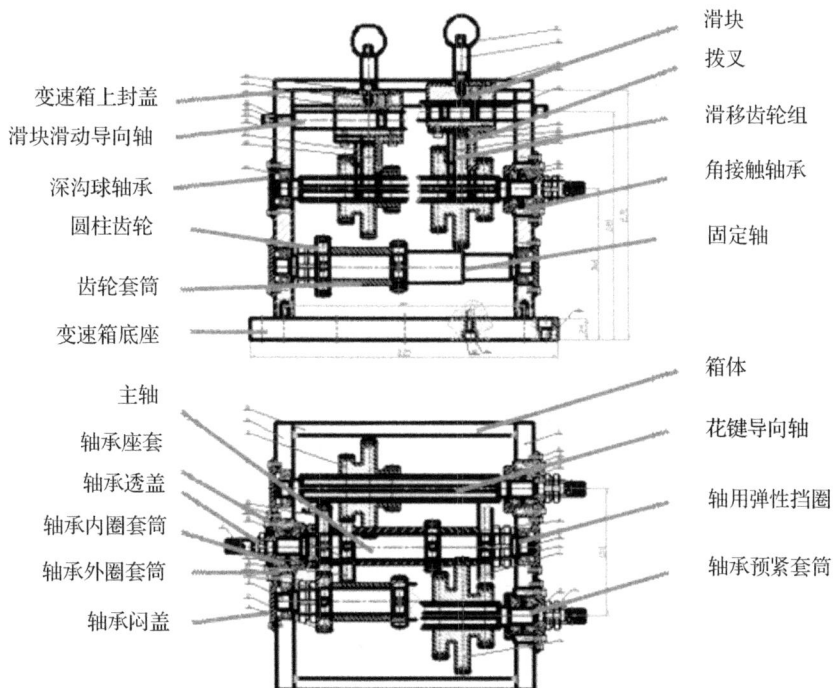

图 6-4　变速箱(THMDZT-1 型)的结构和组成

(2)变速箱(THMDZT-1 型)的拆卸

拆卸前先观察,按从外到里、从上到下的原则进行。

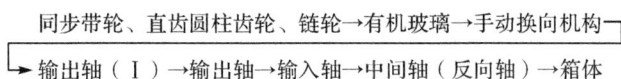

同步带轮、直齿圆柱齿轮、链轮→有机玻璃→手动换向机构→输出轴(Ⅰ)→输出轴→输入轴→中间轴(反向轴)→箱体

(3)变速箱(THMDZT-1 型)的装配

装配前先思考,按"后拆的先装、先拆的后装"的原则(表 6-2)。

表 6-2　变速箱(THMDZT-1 型)的装配

准备工作	1. 熟悉图纸和装配任务;2. 检查文件和零件的完备情况;3. 选择合适的工、量具;4. 用清洁布清洗零件。	
变速箱的装配步骤	第一步:变速箱底板和变速箱箱体连接	用内六角螺钉(M8×25)加弹簧圈,把变速箱底板和变速箱箱体连接。 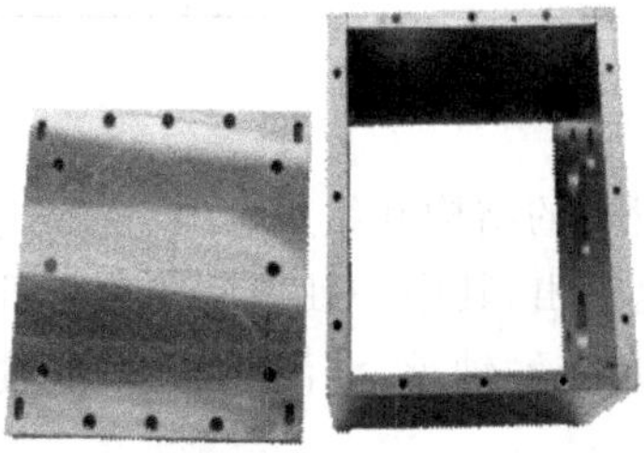
	第二步:安装固定轴 2	先依次把齿轮、隔套、齿轮(29)安装在固定轴 2 上,并拧紧两个圆螺母,如下图所示。把固定轴装入箱体内,并在两端装入深沟球轴承 6203,最后打上两端的闷盖。 
	第三步:安装固定轴 1	按顺序将轴承挡圈(18)、齿轮(16)、齿轮套筒二(22)、齿轮(23)、齿轮套筒三(19)、齿轮(35)、齿轮套筒四(34)、齿轮(34)安装在固定轴上,并拧紧两个圆螺母。  把固定轴 1 放入箱体内,并在固定端安装深沟球轴承 6203 与轴用卡簧,装上轴承闷盖。再在另一端依次安装轴承座,两个角接触轴承 7203(按背靠背的装配方法,中间需加内外隔圈),最后安装透盖、挡圈与圆螺母,并通过调整圆螺母来调整两角接触轴承的预紧力。

续表 6-2

变速箱的装配步骤	第四步：花键导向轴的安装	把两个角接触轴承7203(按背靠背的装配方法)安装在轴承座上,中间加轴承内、外圈挡圈。拧紧透盖螺丝。把轴承座安装在轴上,导向轴装入箱体内,安装滑移齿轮组,在固定端装入深沟球轴承6203。装上轴用弹性挡圈和轴承闷盖,闷盖与箱体之间增加0.3mm厚度的青稞纸。套上轴承内圈预紧套筒,最后通过调整圆螺母来调整两角接触轴承的预紧力,同理完成另一根花键轴的安装。
	第五步：滑块拨叉的安装	 把拨叉安装在滑块上,安装滑块滑动导向轴,装上$\phi 8$的钢球,放入弹簧,盖上弹簧顶盖,装上滑块拨杆和胶木球。通过调整两滑块拨杆的左右距离,来调整齿轮的错位。
	第六步：两啮合齿轮啮合面宽度差调整	通过紧挡圈、松圆螺母和松挡圈、紧圆螺母的方法和通过调整滑块滑动导向轴的左右位置,进行两啮合齿轮啮合面宽度差调整。

续表 6-2

变速箱的装配步骤	第七步:安装上封盖	安装上封盖,使各轴转动灵活,至此完成变速箱的安装和调整。

六、提示

(1)在安装角接触轴承时,注意轴承的装配形式是背对背还是面对面的,需注意拨叉的安装方向容易搞错。

(2)在装配的过程中需注意以下几点:

①遵守实训场地的规章制度。

②正确使用工、量具。

③工、量具及零件摆放整齐。

④装配轴承时规范装配,不能盲目敲打。

⑤装配规范化,具有合理的装配顺序。

⑥维护实训车间场地清洁卫生。

七、作业布置

(1)滚动轴承装配技术要求有哪些?

(2)为什么箱体与端盖间要留有间隙?

(3)轴上零件的固定有哪两种方式,结合此变速箱举例说明。

(4)轴向窜动该如何测量与调整,请写出具体方法。

八、评分标准

请根据表 6-3 对任务完成情况打分。

表 6-3 变速箱(THMDZT-1 型)的装配与调整评分标准

姓　名		学　号		班　级		实习时间
课题名称		THMDZT-1 型机械装调变速箱的装配与调整				
序号	检测项目	学生自测	老师检测	标　准	配　分	得　分
1	变速箱的装配			不按顺序装配扣 5 分;装配方法错误扣 5 分。	15	
2	无错装漏装零部件			错装零部件扣 4 分;漏装零部件扣 4 分。	10	
3	轴承的装配			不合理装配扣 4 分;盲目敲打扣 5 分。	10	

4	运动部件运转及移动灵活			有卡阻现象扣 5 分。	10	
5	齿轮 34 齿顶圆直径和齿根圆直径的测量数据			测量方法不正确扣 5 分	5	
6	啮合齿轮错位量的调整			不超过啮合齿面宽度的 5%；超范围不得分。	10	
7	箱体与端盖间间隙调整			间隙过大或过小扣 2 分；无间隙扣 5 分。	10	
8	输出轴的轴向窜动和装齿轮轴肩处的径向跳动			测量方法不正确扣 5 分	5	
9	正确使用工、量具			使用不规范扣 3 分。	5	
10	零部件及工、量具摆放整齐			摆放零乱扣 3 分。	5	
11	完成装配调整时间			限时 50 分钟，超时 5 分钟扣 2 分。	10	
12	安全文明实习			不文明实习扣 5 分；不听指挥，情节严重者此次实习总成绩为 0 分。	5	

合计得分

教师签名＿＿＿＿＿＿＿＿＿＿＿　　　学生签名＿＿＿＿＿＿＿＿＿＿＿

6.4　THMDZT-1 型齿轮减速器的装配与调整

一、任务引入

THMDZT-1 型齿轮减速器零件在实训过程中被错装与漏装,请根据齿轮减速器部装图(附图五)及提供的零部件,按照合理的装配工艺,正确使用相关工、量具完成齿轮减速器的装配与调整工作,使其达到正常运转的功能。

二、任务要求

(1)装配前的准备工作要充分,安装面应清理。

(2)装配方法及步骤正确、规范。

(3)在装配的过程中,要求按装配的一般原则进行装配。

(4)在装配过程中,正确使用工、量具。

(5)在装配及调试的工作过程中,零部件及工、量具的摆放应整齐,分类明确。

(6)在装配过程中,各零件不错装、漏装、损坏。

(7)装调完成后,齿轮减速器运行平稳、灵活。

(8)在已装配、调试好的齿轮减速器中,用压铅丝的方法,检测齿轮减速器部装图中的齿轮 11 和齿轮 12 之间的齿侧间隙。

三、任务目的

通过任务了解减速器的传动原理、功能,懂得减速器的拆卸工艺、装配工艺与调整,并了解与掌握以下几个方面的知识与技能:

(1)了解齿轮减速器的结构组成、原理及功用。

(2)掌握齿轮减速器的拆卸工艺。

(3)掌握齿轮减速器的装配工艺。

(4)掌握齿轮减速器的调整及空转试验。

四、任务准备

根据表 6-4 准备任务所需要的设备及工、量具。

表 6-4　减速器(THMDZT-1 型)的装配与调整教学所需设备及工、量具准备

序号	名称	型号及规格	数量	备注
1	机械装调技术综合实训装置	THMDZT-1 型	1 套	
2	普通游标卡尺	300mm	1 把	
3	90°角尺		1 把	
4	内六角扳手		1 套	
5	橡胶锤		1 把	
6	外用卡簧钳		1 把	
7	防锈油		若干	
8	紫铜棒		1 根	

序号	名称	型号及规格	数量	备注
9	通芯一字螺丝刀		1 把	
10	零件盒		2 个	
11	轴承装配冲击套筒		1 套	
12	装配图		1 份	
13	圆螺母扳手		1 套	
14	拉马		1 只	

五、知识链接

（1）齿轮减速器（THMDZT-1）的传动原理及结构组成

齿轮减速器主要由直齿圆柱齿轮、角接触轴承、深沟球轴承、支架、轴、端盖、键等组成。

①传动原理

用于降低转速、传递动力、增大转矩的独立传动部件，此齿轮减速器为两级减速，总传动比为：$i=\dfrac{n_1}{n_3}=\dfrac{z_2 z_4}{z_1 z_3}$。

②结构组成

减速器结构组成主要如图 6-5、图 6-6 所示。

图 6-5　减速器（THMDZT-1 型）外观

（2）齿轮减速器的拆卸

拆卸前先观察，然后按"从外到里、从上到下、先两边后中间"的原则拆卸。

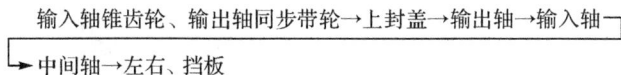

输入轴锥齿轮、输出轴同步带轮→上封盖→输出轴→输入轴→
中间轴→左右、挡板

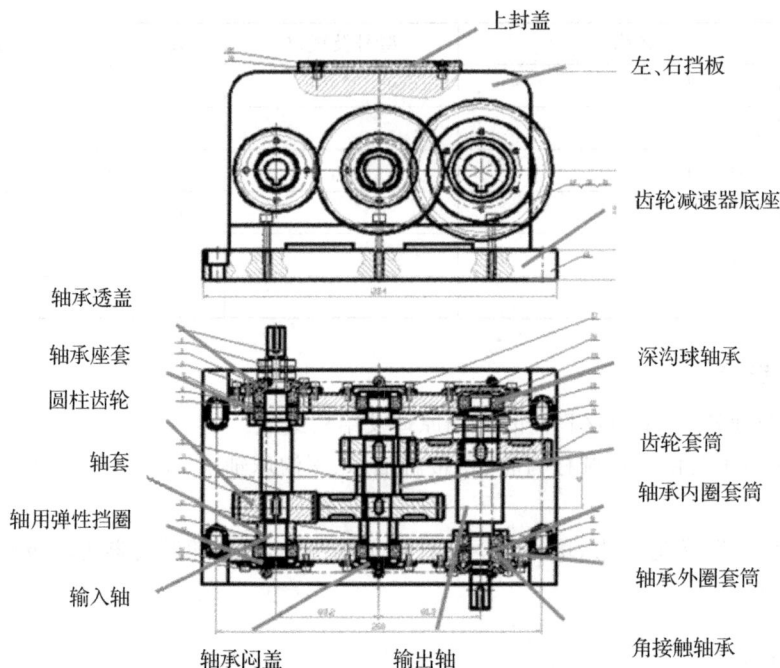

图 6-6　减速器(THMDZT-1 型)结构

（3）齿轮减速器的装配

装配前先思考，按"后拆的先装、先拆的后装"的原则（表 6-5）。

表 6-5　减速器(THMDZT-1 型)的装配与调整的任务实施

准备工作		1. 熟悉图纸和装配任务；2. 检查文件和零件的完备情况；3. 选择合适的工、量具；4. 用清洁布清洗零件。
齿轮减速器的装配步骤	第一步：左、右挡板的安装	将左、右挡板固定在齿轮减速器底座上，并测量减速箱体立板平行度。

齿轮减速器的装配步骤	第二步： 中间轴的安装	1. 将深沟球轴承 6003 用冲击套筒装到固定轴大端； 2. 把固定轴穿入箱体，并依次装入平键 8、齿轮 34、齿轮套筒 9、齿轮 12、轴套 15； 3. 把闷盖 2 固定在箱体上； 4. 在固定轴的另一段装入深沟球轴承 6003，并用卡簧将轴固定，装上闷盖；
	第三步： 输入轴的安装	1. 将角接触轴承 7003 以背对背方式装入轴承座套中，并装入透盖； 2. 把轴承座套装入固定轴 2； 3. 把固定轴装入箱体，并依次装入键 13、齿轮 12、键套 15； 4. 把轴承座套固定在箱体上，装上固定端轴承预紧套筒，由两个圆螺母固定，安装锥齿轮二； 5. 在另一端装上深沟球轴承 6003，用卡簧将轴固定后装上闷盖。

续表 6-5

齿轮减速器的装配步骤	第四步：输出轴的安装	1. 将角接触轴承 7003 以背对背方式装入轴承座套中，并装入透盖； 2. 将轴承座套装入输出轴； 3. 将输出轴装入箱体，并依次装入平键 32、齿轮 31、两圆螺母 33； 4. 将轴承座套固定在箱体上，在另一端装入轴承 6003，并用卡簧固定，最后安装闷盖。
	第五步：调整左、右挡板的距离	用游标卡尺重新调整左、右挡板的距离。

齿轮减速器的装配步骤	第六步： 测量齿轮 11 和齿轮 12、齿轮 11 和齿轮 12 之间的齿侧间隙	用压沿法检测两齿轮的齿侧间隙，剪焊锡丝放在两齿轮的中间，啮合两齿轮，测量最薄处的尺寸，测出两齿轮的侧隙。
	第七步： 安装上封盖	安装上封盖，使各轴转动灵活，至此完成齿轮减速器的安装和调整。

六、提示

（1）在安装轴承端盖时，先将固定端透盖的四颗螺丝预紧，用塞尺检测透盖与轴承座的间隙（选用深度尺测量箱体端面与轴承间距离，再测量法兰盘凸台高度也正确），选择一种厚度最接近间隙大小的青稞纸垫片（青稞纸垫片厚度不应超过塞尺厚度），安装在透盖与轴承室之间。否则拧紧螺丝后，传动轴会发生卡阻现象。

（2）在装配的过程中需注意以下几点：

①遵守实训场地的规章制度。

②正确使用工、量具。

③工、量具及零件摆放整齐。

④装配轴承时要规范装配，不能盲目敲打。

⑤装配规范化，具有合理的装配顺序。

⑥维护实训车间场地的情洁卫生。

七、作业布置

已知齿轮减速器输入轴转数为 100 转/秒，请根据装配图纸及相关资料计算输出轴的转速与传动比（表达式），并简单编写减速器的装配工艺。

八、评分标准

请根据表 6-5 对任务完成情况打分。

表 6-5　减速器（THMDZT-1 型）的装配与调整评分标准

姓　名		学　号		班　级	操 作 时 间
课题名称		减速器（ZHMDZT-1 型）的装配与调整			
序号	检测项目	学生自测	老师检测	标　准	配　分	得　分
1	减速器的拆卸			拆卸方法错误扣 3 分；拆卸顺序错误扣 3 分。	10	
2	减速器的装配			装配方法错误扣 4 分；装配顺序错误扣 4 分。	15	
3	调整左、右挡板的距离			距离为 195 ± 0.6 mm，超范围不得分。	5	
4	调整两啮合轮齿的错位量			不超过啮合齿面宽度的 5%；超范围不得分。	10	

5	测量两齿轮的齿侧间隙		测量方法不正确扣10分	10	
6	各轴灵活转动		其中一轴卡阻扣5分。	15	
7	正确使用工、量具		使用方法正确,摆放整齐满分。	5	
8	无错装、漏装零部件		错装、漏装一处扣2分。	10	
9	完成装配时间		限时30分钟,每超5分钟扣2分。	10	
10	安全文明实习		不文明实习扣5分;不听指挥,情节严重者此次实习总成绩为0分。	10	

合计得分

实习指导教师签名＿＿＿＿＿＿＿＿＿＿＿＿ 学生签名＿＿＿＿＿＿＿＿＿＿＿＿

6.5 THMDZT-1型二维工作台的安装与调试

一、任务引入

根据二维工作台部装图(资源库-附图三)和提供的零部件及以下具体要求、检测项目,选择合理的装配工艺。正确使用相关工、量具完成二维工作台的装配与调整工作,使二维工作台的导轨、丝杆等达到一定的技术要求。

二、任务要求

(1)以30(底板)侧面(磨削面)为基准面 A,使靠近基准面 A 侧的2(直线导轨1)与基准面 A 的平行度允差≤0.02mm。

(2)两直线导轨1的平行度允差≤0.02mm。

（3）调整轴承座垫片及轴承座，使13（丝杠1）两端等高且位于两直线导轨1的对称中心。

（4）调整10（螺母支座）与50（中滑板）之间的垫片，用齿轮（手轮）转动丝杠1,50（中滑板）移动应平稳灵活。

（5）以50（中滑板）侧面（磨削面）为基准面 B，使靠近基准面 B 侧的44（直线导轨2）与基准面 B 的平行度允差≤0.02mm。

（6）50（中滑板）上直线导轨与1（底板）上直线导轨的垂直度允差≤0.02mm。

（7）两直线导轨2的平行度允差≤0.02mm。

（8）调整轴承座垫片及轴承座，使34（丝杠2）两端等高且位于两直线导轨2的对称中心。

（9）调整10（螺母支座）与上滑板之间的垫片，用32（手轮）转动丝杠，45（上滑板）移动应平稳灵活。

三、任务目的

通过本任务了解二维工作台的结构组成及功用，学会规范的装配方法，掌握正确的调整方法，同时了解与掌握以下几个方面的知识与技能：

（1）了解二维工作台的结构组成及功用。

（2）了解滚珠螺旋传动。

（3）掌握二维工作台的拆卸工艺。

（4）掌握二维工作台的装配工艺。

（5）掌握二维工作台的调整方法。

四、任务准备

根据表6-6准备任务所需要的设备及工量具。

表 6-6　二维工作台的安装与调试任务所需设备及工量具准备

序 号	名 称	型号及规格	数量	备 注
1	二维工作台	THMDZT-1 型	1 套	
2	普通游标卡尺	300mm	1 把	
3	百分表		1 只	
4	内六角扳手		1 套	
5	橡胶锤		1 把	
6	轴用卡簧钳		1 把	
7	防锈油		若干	
8	紫铜棒		1 根	
9	螺丝刀		1 套	
10	零件盒		3 个	
11	轴承装配冲击套筒		1 套	
12	装配图		1 份	
13	圆螺母扳手		1 套	

序　号	名　称	型号及规格	数量	备　注
14	拉马		1 只	
15	活动扳手		1 把	
16	杠杆百分表		1 只	
17	深度游标卡尺		1 支	

五、知识链接

（1）二维工作台的结构组成及传动原理

①二维工作台的结构组成

二维工作台由底板、中滑板、上滑板、直线导轨副、滚珠丝杆副、轴承座、轴承内隔圈、轴承外隔圈、轴承预紧套管、轴承透盖、轴承闷盖、丝杆螺母支座、圆螺母、限位开关、手轮、齿轮、等高垫块、轴端挡片、轴用弹性挡圈、角接触轴承（7202AC）、深沟球轴承（6202）等组成（图 6-7）。

图 6-7　二维工作台的结构

②传动原理（滚珠螺旋传动）

将旋转运动转化为往复直线运动，上层手动控制（纵向），下层齿轮传动控制（横向）。

（2）二维工作台的拆卸

观察思考，从上到下（先拆纵向部分后拆横向部分）合理拆卸。

（3）任务实施

装配前先思考，按后拆的先装，先拆的后装的原则（表6-7）。

表 6-7　二维工作台的安装与调试任务实施

准备工作	1. 熟悉图纸和装配任务 2. 检查文件和零件的完备情况 3. 选择合适的工、量具 4. 螺钉、平垫片、弹簧垫圈等的准备 5. 用清洁布清洗零件	
二维工作台的装配与调整	第一步：安装直线导轨1	1. 以底板(30)的侧面（磨削面）为基准面 A，调整底板(30)的方向，将基准面 A 朝向操作者，以便以此面为基准安装直线导轨。 2. 将直线导轨1(29)中的一根放到底板(30)上，使导轨的两端靠在底板(30)上导轨定位基准块(49)上（如果导轨由于固定孔位限制不能靠在定位基准块上，则在导轨与定位基准块之间增加调整垫片），用 M4×16 的内六角螺钉预紧该直线导轨（加弹垫）。 3. 按照导轨安装孔中心到基准面 A 的距离要求（用深度游标卡尺测量），调整直线导轨1(29)与导轨定位基准块(49)之间的调整垫片使之达到图纸要求。 4. 将杠杆式百分表吸在直线导轨1的滑块上，百分表的测量头接触在基准面 A 上，沿直线导轨1滑动滑块，通过橡胶锤调整导轨，同时增减调整垫片的厚度，使得导轨与基准面之间的平行度符合要求，将导轨固定在底板(30)上，并压紧导轨定位置。后续的安装工作均以该直线导轨为安装基准（以下称该导轨基准导轨）。 5. 将另一根直线导轨1(29)放到底板上，用内六角螺钉预紧此导轨，用游标卡尺测量两导轨之间的距离，通过调整导轨与导轨定位基准块之间的调整垫片，将两导轨的距离调整到所要求的距离。 6. 以底板上安装好的导轨为基准，将杠杆式百分表吸在基准导轨的滑块上，百分表的测量头接触在另一根导轨的侧面，沿基准导轨滑动滑块，通过橡胶锤调整导轨，同时增减调整垫片的厚度，使得两导轨平行度符合要求，将导轨固定在底板(30)上，并压紧导轨定位装置。

二维工作台的装配与调整	第二步：安装丝杠 1	1. 用 M6×20 的内六角螺钉(加ϕ6 平垫片、弹簧垫圈)将螺母 10 支座固定在丝杆 1(13)的螺母上。  2. 利用轴承安装工具、铜棒、卡簧钳等工具,将端盖 1(3)、轴承内隔圈(52)、轴承外隔圈(51)、角接触轴承(33)、ϕ15 轴用卡簧(39)、轴承 6202(40)分别安装在丝杆 1(13)的相应位置。为了控制两角接触轴承的预紧力,轴承及轴承内、外隔圈应经过测量。 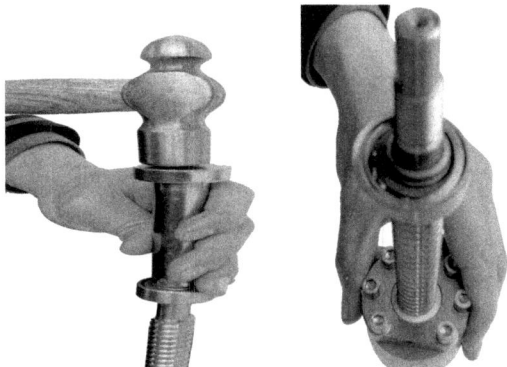 3. 用游标卡尺测量轴承座 1(26)和轴承座 2(14)两轴承座的中心高、直线导轨、等高块的高度进行记录,并计算差值。 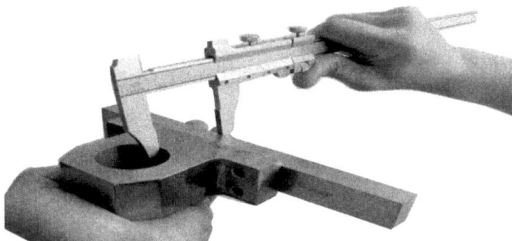 4. 将轴承座安装在丝杆上。 5. 用 M6×30 内六角螺丝,并加与前面测量两轴承座中心高之差相等厚度的调整垫片,将轴承座预紧在底板上。在丝杆主动端安装限位套管、M14×1.5 圆螺母、齿轮、轴端挡圈等零部件。 6. 分别将丝杆螺母移动到丝杆的两端,用杠杆表判断两轴承座的中心高是否相等。通过在轴承座下加入相应的调整垫片,使两轴承座的中心高相等。 7. 用游标卡尺分别测量丝杆与两根导轨之间的距离,调整轴承座的位置,使丝杆位于两导轨的中间位置。 8. 分别将丝杆螺母移动到丝杆的两端,杠杆表吸在导轨滑块上,用杠杆表搭在丝杆螺母上测量丝杆与导轨是否平行,用橡胶锤调整轴承座,使丝杆与导轨平行。

续表 6-7

二维工作台的装配与调整	第三步： 安装中滑板及直线导轨 2	1. 将等高块(12)分别放在直线导轨滑块(11)上,将中滑板(50)放在等高块上(侧面经过磨削的面朝向操作者的左边),调整滑块的位置。用 M4×70(加 φ4 弹簧垫圈)将等高块、中滑板固定在导轨滑块上。 (2)用 M6×20 内六角螺钉将 50(中滑板)和螺母支座(10)预紧在一起。用塞尺测量丝杆螺母支座与中滑板之间的间隙大小。 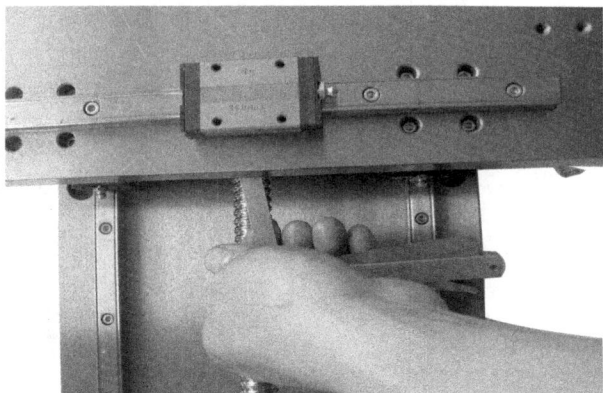 3. 将 M4×70 的螺钉旋松,选择相应的调整垫片加入丝杆螺母支座与中滑板之间的间隙。 4. 用相同的方法完成导轨 2 的安装。 5. 将中滑板上的 M4×70 的螺栓预紧,用大磁性百分表座固定 90°角尺,使角尺的一边与中滑板侧面的导轨侧面紧贴在一起。将杠杆百分表吸附在底板上的合适位置,百分表触头打在角尺的另一边上,同时将手轮装在丝杆上面。摇动手轮使中滑板左右移动。用橡胶锤轻轻打击中滑板,使中滑板移动时百分表示数不再发生变化,说明上下两层导轨已达到垂直。 

二维工作台的装配与调整	第四步： 安装丝杆 2	重复第二个步骤，完成丝杆 2 的安装与调试。
	第五步： 安装上滑板	重复中滑板的安装步骤，安装上滑板。完成整个工作台的安装与调整。

六、提示

（1）直线导轨预紧时，螺钉的尾部应全部陷入沉孔，否则拖动滑块时螺钉尾部会与滑块发生摩擦，将导致滑块损坏。两滚珠丝杆的螺母禁止旋出丝杆，否则将导致螺母损坏。轴承的安装方向必须正确。

（2）在装配的过程中需注意以下几点：

①遵守实训场地的规章制度。

②正确使用工量具。

③工量具及零件摆放整齐。

④装配轴承时规范装配，不能盲目敲打。

⑤装配规范化，具有合理的装配顺序。

⑥维护实训车间卫生。

七、作业布置

(1)写出螺旋传动的特点。

(2)想一想,滚珠丝杆有什么特点?

八、评分标准

请根据表 6-8 对任务完成情况打分。

表 6-8　二维工作台的安装与调试评分标准

姓　名	学　号		班　级	实 习 时 间
课题名称	二维工作台(THMDZT-1)的装配与调整			

序号	检测项目	学生自测	老师检测	标　准	配　分	得　分
1	二维工作台的拆卸			不按顺序拆卸扣 3 分;拆卸方法错误扣 3 分。	10	
2	零件、工具摆放合理有序			摆放零乱扣 3 分。	5	
3	清洗零件			零件不清洗、太脏扣 5 分。	10	
4	漏装、错装零件			漏装、错装一处(一个)零件扣 1 分。	5	
5	直线导轨 1 与基准面 A 的装配			直线导轨 1 与基准面 A 的平行度 ≤ 0.02mm。	5	
6	直线导轨 1 以直线导轨 2 的装配			两直线导轨 1 以直导轨 2 的中心距 180mm ±0.02mm。	5	
7	两直线导轨的平行度调整			直线导轨 1 以直线导轨 2 的平行度 ≤ 0.02mm,超差不得分。	5	
8	丝杠两轴承座高度调整			两轴承座高度误差 ≤ 0.05mm。	5	
9	滚珠丝杆 1 的装配			丝杠应在两导轨对称中心线。丝杠以两导轨平行度 ≤ 0.02mm,超差 0.01mm 扣 1 分。	5	

10	中滑板安装			基准面 B 以基准面 A 的垂直度误差≤0.02mm。	5	
11	导轨 3 的安装			基准面 B 以导轨 3 的平行度误差≤0.02mm。	5	
12	直线导轨 3 以直线导轨 4 的装配			直线导轨 3 以直线导轨 4 的中心距为 154mm±0.02mm,超差 0.01mm 扣 1 分。	5	
13	丝杠 2 两轴承座高度调整			两轴承座高度误差≤0.05mm。	5	
14	滚珠丝杆的装配			丝杠应在两导轨对称中心线,丝杠以两导轨平行度≤0.02mm,超差 0.01mm 扣 1 分。	5	
15	小滑板安装			基准面 B 以基准面 C 的垂直度误差≤0.02mm。	5	
16	小滑板移动平稳灵活			用手摇动不灵活扣 5 分。	5	
17	完成装配调整时间			限时 100 分钟,超时 5 分钟扣 2 分。	5	
18	安全文明实习			不文明实习扣 5 分;不听指挥,情节严重者此次实习总成绩为 0 分。	10	

合计得分

教师签名＿＿＿＿＿＿＿＿＿＿＿＿＿　　学生签名＿＿＿＿＿＿＿＿＿＿＿＿＿

6.6　THMDZT-1 型间歇回转工作台的装配与调整

一、任务引入

根据分度转盘部件部装图(资源库-附图四)、提供的零部件及以下具体要求的检测项目,选择合理的装配工艺,正确使用相关工、量具完成分度转盘部件的装配与调整工作,使分度转盘部件正常运转。

二、任务要求

(1)装配前的准备工作充分,安装面应清理。

(2)在装配的过程中要求按装配的一般原则进行装配。

(3)装配工艺合理,装配顺序和方法及装配步骤正确规范。

(4)在装配及调试过程中正确使用工、量具,读数准确,数据处理正确。

(5)在装配及调试的过程中零部件及工、量具的摆放应整齐,分类明确。

(6)在装配过程中,注意轴承的组合形式,看清图纸。按分度转盘部件部装图(资源库-附图四)上的组合形式进行装配,装配轴承时方法及工、量具使用正确。

(7)正确使用工具、量具,使蜗轮蜗杆的齿侧间隙调整在 $0.03\sim0.08$mm 以内,中心重合度≤0.05mm,蜗轮蜗杆运转平稳。

(8)正确使用工具、量具,完成锥齿轮轴上大齿轮(63)与增速轴小齿轮(65)齿侧间隙及两啮合齿轮的啮合面宽度差的调整,使齿侧间隙调整在 $0.03\sim0.08$mm 以内,两啮合齿轮的啮合面宽度差调整为不大于两啮合齿轮厚度的 5%,齿轮在运转过程中平稳。

(9)各零件不错装、漏装、损坏。

(10)按分度转盘部件部装图(附图四),将分度转盘部件装配完全,使分度转盘部件运行平稳,使料盘分度准确无晃动。

三、任务准备

(1)知识链接

①间歇回转工作台的结构组成

由小锥齿轮轴、锥齿轮、圆柱齿轮、轴承座、轴承透盖、轴承内圈套筒、轴承外圈套筒、轴套、齿轮增速轴、槽轮轴、料盘、推力球轴承限位块、法兰盘、蜗轮轴端用螺母、蜗杆、蜗轮、蜗轮轴、蜗轮轴用轴承座、立板、底板、小锥齿轮用底板、间歇回转工作台用底板、锁止弧、四槽槽轮、拨销、角接触轴承(7000AC、7002AC、7203AC)、深沟球轴承(6002-2RZ)、推力球轴承(51120)、圆锥滚子轴承(30203)、轴用弹性挡圈等组成(图 6-8)。

(2)间歇回转工作台的装配,主要分为以下几部分:

①蜗杆部分的装配。

②蜗轮部分的装配。

③挡板的装配。

④槽轮机构部分的装配。

⑤台面的装配。

图 6-8　间歇回转工作台的结构组成

⑥平面止推轴承的装配。

⑦增速齿轮部分的装。

⑧整个工作台的装配。

(3)间歇回转工作台的检测与调整,主要有以下几个部分:

①蜗杆两轴承座高度的调整。

②蜗杆轴线与蜗轮轴线垂直度的调整。

③蜗杆轴线与蜗轮轮齿对称中心线的调整。

④蜗杆与蜗轮啮合质量的检测(齿侧间隙和接触精度)。

⑤直齿圆柱齿轮啮合质量的检测(齿侧间隙和接触精度)。

四、任务准备

根据表 6-9 准备任务所需要的设备和工量具。

表 6-9　间歇回转工作台的装配与调整的任务准备

序号	名称	型号及规格	数量	备注
1	机械装调技术综合实训装置	THMDZT-1 型	1 套	
2	普通游标卡尺	300mm	1 把	
3	深度游标卡尺		1 把	
4	内六角扳手		1 套	
5	橡胶锤		1 把	
6	垫片		若干	
7	防锈油		若干	
8	紫铜棒		1 根	
9	通芯一字螺丝刀		1 把	
10	零件盒		2 个	
11	轴承装配冲击套筒		1 套	
12	装配图		1 份	

五、任务实施

装配前先思考,按后拆的先装,先拆的后装的原则(表 6-10)。

表 6-10   间歇回转工作台的装配与调整的任务实施

准备工作	1. 熟悉图纸和装配任务 2.检查文件和零件的完备情况 3.选择合适的工、量具 4.用清洁布清洗零件。
第一步: 装配蜗杆件	1. 用通芯一字螺丝刀将两个蜗杆用轴承及圆锥滚子轴承内圈装在蜗杆的两端。注意:圆锥滚子内圈的方向。 2. 用通芯一字螺丝刀将两个蜗杆用轴承及圆锥滚子轴承外圈分别装在两个轴承座上,并把蜗杆轴轴承盖和蜗杆轴轴承端盖分别固定在轴承座上。注意:圆锥滚子外圈的方向。 3. 将蜗杆安装在两个轴承座上,并把两个轴承座固定在分度机构用底板上。 4. 在蜗杆的主动端装入相应键,并用轴端挡圈将小齿轮固定在蜗杆上。 5. 将蜗杆轴部件安装在分度机构用底板上。
第二步: 装配锥齿轮件	1. 在小锥齿轮轴安装锥齿轮的部位装入相应的键,并将锥齿轮和轴套装入。 2. 将两个轴承座分别套在小锥齿轮轴的两端,并用通芯一字螺丝刀将四个角接触轴承以两个一组面对面的方式安装在小锥齿轮轴上,然后将轴承装入轴承座。注:在轴承中间加(间隔环)。 3. 在小锥齿轮轴的两端分别装入$\phi15$ 轴用弹性挡圈,将两个轴承座透盖固定到轴承座上。 4. 将两个轴承座分别固定在小锥齿轮底板上。 5. 在小锥齿轮轴两端各装入相应键,用轴端挡圈将大齿轮、08B24 链轮固定在小锥齿轮轴上。
第三步: 装配增速齿轮件	1. 用通芯一字螺丝刀将两个深沟球轴承装在齿轮增速轴上,并在相应位置装入$\phi15$ 轴用弹性挡圈。注:中间加(间隔环)。 2. 将安装好轴承的齿轮增速轴装入轴承座中,并将轴承座盖安装在轴承座上。 3. 在齿轮增速轴两端各装入相应的键,用轴端挡圈将小齿轮、大齿轮固定在齿轮增速轴上。

第四步： 装配蜗轮件	1. 将蜗轮蜗杆用透盖装在蜗轮轴上，用通芯一字螺丝刀将圆锥滚子轴承内圈装在蜗轮轴上。 2. 用通芯一字螺丝刀将圆锥滚子的外圈装入轴承座中，将圆锥滚子轴承装入轴承座中，并将蜗轮蜗杆用透盖固定在轴承座上。 3. 在蜗轮轴上安装蜗轮的部分安装相应的键，并将蜗轮装在蜗轮轴上，然后用圆螺母固定。 4. 通过轴承座（二）将蜗轮部分安装在分度机构用底板上。
第五步： 蜗轮蜗杆中心 重合的调整	1. 用深度游标卡尺与普通游标卡尺测量并计算蜗杆轴中心的高度。 2. 用深度游标卡尺测量并计算蜗轮中心的高度。 3. 根据测量结果，用千分尺选择适当厚度的铜垫片，保证蜗轮蜗杆中心重合。

续表 6-10

第六步： 装配槽轮拨叉件	1. 用通芯一字螺丝刀将深沟球轴承安装槽轮轴上，并装上 $\phi 17$ 轴用弹性挡圈。 2. 将槽轮轴装入底板中，并把底板轴承盖固定在底板上。 3. 在槽轮轴的两端各加入相应的键分别用轴端挡圈、紧定螺钉将四槽轮和法兰盘固定在槽轮轴上。 4. 用通芯一字螺丝刀将角接触轴承安装到底板的另一轴承装配孔中，并将底板轴承盖安装到底板上。
第六步： 工作台总装	1. 将分度机构用底板安装在铸铁平台上。 2. 将立架安装在分度机构用底板上。 3. 在蜗轮轴（先装上圆螺母）再装锁止弧的位置装入相应键，并用圆螺母锁止弧固定在蜗轮轴上，再装上圆螺母、套上套管。 4. 调节四槽轮的位置，将四槽轮部分安装在支架上，同时使蜗轮轴端装入相应位置的轴承孔中，用蜗轮轴端用螺母将蜗轮轴锁紧在深沟球轴承上。 5. 将推力球轴承限位块安装在底板上，并将推力球轴承套在推力球轴承限位块上。 6. 通过法兰盘将料盘固定。 7. 检测蜗轮蜗杆齿侧间隙，具体检测方法是固定蜗杆轴，用杠杆百分表检测蜗轮的转动间隙。也可以通过涂红丹粉来检测接触斑点，判断啮合中心面及啮合位置情况。如有偏差，松开蜗杆的两轴承座安装紧固螺丝，通过移动蜗杆轴的位置来调整齿侧间隙。 8. 将增速齿轮部分安装在分度机构用底板上，调整增速齿轮部分的位置，使大齿轮和小齿轮正常啮合。 9. 将锥齿轮部分安装在铸铁平台上，调节小锥齿轮用底板的位置，使小齿轮和大齿轮正常啮合。 至此完成整个间歇回转工作台的安装与调整。

六、提示

该间歇回转工作台主要由四槽槽轮机构、蜗轮蜗杆、推力球轴承、角接触轴承、台面、支架等组成,由变速箱经链传动、齿轮传动、蜗轮蜗杆传动及四槽槽轮机构分度后,实现间歇回转功能。完成蜗轮蜗杆、四槽槽轮、轴承等的装配与调整实训过程中应注意:

(1)实训工作台应放置平稳,平时应注意清洁,长时间不用时最好加涂防锈油。

(2)实训时长头发学生需带戴防护帽,不准将长发露出帽外,不准穿裙子、高跟鞋、拖鞋、风衣、长大衣等。

七、评分标准

请根据表 6-11 对任务完成情况打分。

表 6-11 间歇回转工作台的装配与调整的评分标准

姓　名		学　号		班　级		操 作 时 间	
课题名称			间歇回转工作台(THMDZT-1)的装配与调整				
序号	检测项目	学生自测	老师检测	标　准		配　分	得　分
1	间歇回转工作台的装配			装配方法错误扣 4 分;装配顺序错误扣 4 分。		15	
2	无错装、漏装零部件			错装、漏装一处扣 2 分。		5	
3	平面止推轴承的装配			紧圈、松圈反装不得分。		10	
4	法兰盘与平面止推轴承的调整			法兰盘高度低于平面止推轴承,错装不得分。		5	
5	大齿轮(63)与增速轴小齿轮(65)齿侧间隙及两啮合齿轮的啮合面宽度差的调整			允许存在误差 0.03～0.08mm,超差 0.02mm 扣 2 分。啮合面宽度差≤5%,超差扣 2 分。		10	
6	蜗杆轴线与蜗轮轮齿对称中心线高度的调整			≤0.05mm,超差 0.02mm 扣 2 分。		10	
7	蜗杆与蜗轮啮合质量的检测与调整			齿侧间隙为 0.05mm,超差 0.02mm 扣 2 分;接触斑点在蜗轮轮齿中部稍偏于蜗杆旋出方向一点,斑点位置错误扣 5 分。		15	

续表 6-11

8	分度转盘部件运行调试			分度转盘部件运行平稳,使料盘分度准确无晃动,无卡阻现象。酌情扣分。	10	
9	正确使用工量具及零部件摆放			使用方法正确,摆放整齐满分。	5	
10	完成装配及调整时间			限时 90 分钟,每超 5 分钟扣 2 分。	5	
11	安全文明实习与 7S 要求			不文明实习扣 5 分;不听指挥,情节严重者此次实习总成绩为 0 分。	10	

合计得分

教师签名_____　　学生签名_____

6.7　THMDZT-1 型自动冲床的装配与调试

一、任务引入

根据"自动冲床"装配图(资源库-附图六),使用相关工、量具,进行自动冲床的组合装配与调试,使自动冲床机构运转灵活,无卡阻现象。

二、任务要求

(1)装配前的准备工作要充分,安装面应清理。

(2)拆卸、装配方法及步骤正确、规范。

(3)在装配的过程中要求按装配的一般原则进行装配。

(4)在拆卸、装配及调试过程中正确使用工、量具。

(5)在拆卸、装配及调试的过程中零部件及工、量具的摆放应整齐,分类明确。

(6)各零件不错装、漏装或损坏。

三、任务目的

通过本任务,培养识图能力,掌握零件之间的装配关系,机构的运动原理及功能,并培养对带传动带和对齿轮传动的调节能力(图 6-9)。

图 6-9 自动冲床

四、任务准备

根据表 6-12 准备任务所需的设备及工量具。

表 6-12 自动冲床的装配与调试任务所需设备及工量具准备

序号	名称	型号及规格	数量	备注
1	机械装调技术综合实训装置	THMDZT-1 型	1 套	
2	普通游标卡尺	300mm	1 把	
3	内六角扳手		1 套	
4	橡胶锤		1 把	
5	防锈油		若干	
6	紫铜棒		1 根	
7	螺丝刀		1 套	
8	零件盒		3 个	
9	轴承装配冲击套筒		1 套	
10	装配图		1 份	
11	圆螺母扳手		1 套	
12	活动扳手		1 把	

五、知识链接

（1）自动冲床的结构和组成

自动冲床机构由轴、曲轴圆盘、中轴、轴瓦、曲轴上端盖、曲轴下端盖、压头连接体、球头活结、模拟冲头、活结上端盖、轴承闷盖、轴承透盖、自动冲床上下拉板、滑套固定板垫块、滑套固定板、冲头导向套、左右传动轴挡套、自动冲床左右挡板、封板等组成。与间歇回转工作台配合，实现压料功能模拟，其具体结构与名称如图 6-10 所示。

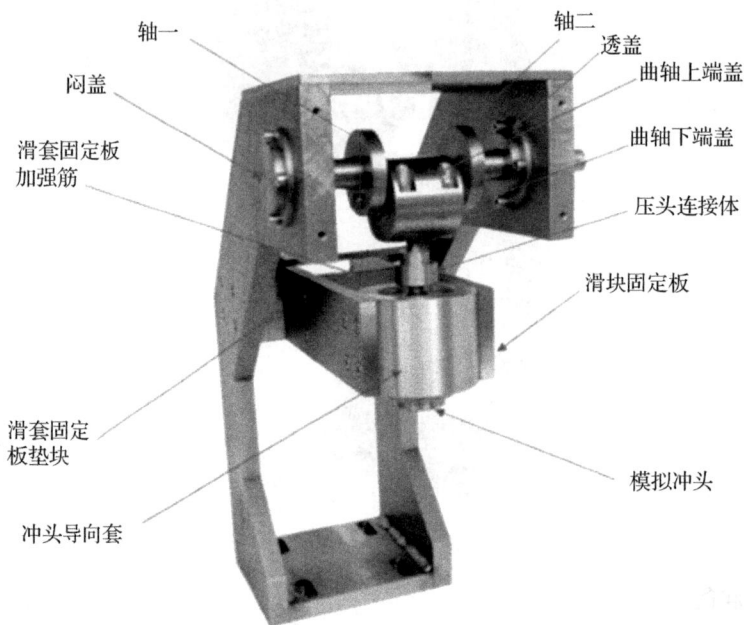

图 6-10　自动冲床的结构

（2）自动冲床部件的拆卸

拆卸前认真观察，然后按从上到下，从外到里，先两边后中间的顺序进行拆卸，拆卸过程中正确使用工量具，零部件放入零件盒并摆放整齐。

六、任务实施

装配前先思考，按后拆的先装，先拆的后装的原则（表 6-13）。

表 6-13　自动冲床的装配与调试的任务实施

准备工作	1. 熟悉图纸和装配任务 2.检查文件和零件的完备情况 3.选择合适的工、量具 4.用清洁布清洗零件	
自动冲床机构的装配与调整	第一步：轴承的装配与调整	用轴承套筒将 6002 轴承装入轴承室中（在轴承室中涂抹少许黄油），转动轴承内圈，轴承应转动灵活，无卡阻现象，并观察轴承外圈是否安装到位。

自动冲床机构的装配与调整	第二步： 曲轴的装配与调整	1. 安装轴二：将透盖用螺钉打紧，将轴二装好，然后再装好轴承的"右传动轴挡套"。 2. 安装曲轴：轴瓦安装在曲轴下端盖的 U 型槽中，然后装好中轴，盖上轴瓦另一半，将曲轴上端盖装在轴瓦上，将螺钉预紧，用手转动中轴，中轴应转动灵活。 3. 将已安装好的曲轴固定在轴二上，用 M5 的外六角螺钉预紧。 4. 安装轴一：将轴一装入轴承中（由内向外安装），将已安装好的曲轴的另一端固定在轴一上，此时可将曲轴两端的螺钉打紧，然后将"左传动轴压盖"固定在轴一上，然后再将左传动轴的闷盖装上，并将螺钉预紧。 5. 最后在轴二上装键，固定同步轮，然后转动同步轮，曲轴转动灵活，无卡阻现象。
	第三步： 冲压部件的装配 与调整	将"压头连接体"安装在曲轴上，安装上模拟冲头。
	第四步： 冲压机构导向部件 的装配与调整	1. 首先将"滑套固定垫块"固定在"滑块固定板上"，然后再将"滑套固定板加强筋"固定，安装好"冲头导向套"，螺钉为预紧状态。 2. 将冲压机构导向部件安装在自动冲床上，转动同步轮，冲压机构运转灵活，无卡阻现象，最后将螺钉打紧，再转动同步轮，调整到最佳状态，在滑动部分加少许润滑油。
	第五步： 动冲床部件的手动 运行与调整	完成上述步骤，将手轮上的手柄拆下，安装在同步轮上，摇动手柄，观察"模拟冲头"的运行状态。多运转几分钟，仔细观察各个部件是否运行正常，正常后加入少许润滑油。

七、提示

（1）安装曲轴轴瓦应加润滑油，并注意曲轴上下端盖与轴瓦上下两块不能装反。

（2）在装配的过程中需注意以下几点：

①遵守实训场地的规章制度。

②正确使用工量具。

③工量具及零件摆放整齐。

④装配轴承时规范装配，不能盲目敲打。

⑤装配规范化，具有合理的装配顺序。

⑥维护实训车间卫生。

八、作业布置

（1）简述曲轴的功用。

（2）试述自动冲床机构的工作原理。

九、评分标准

请根据表 6-14 对任务完成情况打分。

表 6-14　自动冲床的装配与调试评分标准

姓　名		学　号		班　级		实习时间
课题名称			自动冲床机构（THMDZT-1 型）装配与调整			
序号	检测项目	学生自测	老师检测	标　准	配　分	得　分
1	自动冲床的拆卸			不按顺序拆卸扣 3 分；拆卸方法错误扣 3 分。	10	
2	零部件的清洗			零件不清洗、太脏扣 5 分。	10	
3	自动冲床的装配			漏装、错装一个（一处）零件扣 3 分。	20	
4	正确装配滑动轴承			曲轴上下端盖反装扣 10 分；滑动轴承上下轴瓦装反得 0 分。	20	
5	自动冲床冲头与料盘间距离调整			冲头与料盘间距离≤5mm，超 1mm 扣 5 分。	20	
6	完成装配调整时间			限时 120 分钟，超时 5 分钟扣 2 分。	10	
7	安全文明实习			不文明实习扣 5 分；不听指挥，情节严重者此次实习总成绩为 0 分。	10	

合计得分

教师签名＿＿＿＿＿＿＿＿＿＿＿＿　　学生签名＿＿＿＿＿＿＿＿＿＿＿＿

6.8 THMDZT-1 型机械传动的安装与调整及机械系统的运行与调整

一、任务引入

根据总装图(资源库-附图一)和提供的零部件及以下具体要求、检测项目,选择合理的装配工艺,正确使用相关工、量具完成"机械装调技术综合实训装置"的装配与调整工作,使机械系统达到预期效果。

二、具体要求

(1)在装配及调试的过程中零部件及工、量具的摆放应整齐,分类明确。

(2)调整部件,使整个传动系统运行平稳轻巧,不允许有卡阻爬行现象。

(3)各部件配合良好,同步带、传动链张紧度合适,装配方法正确,无松动、无跳动等现象。

(4)装配调整总装图(资源库-附图一)上的同步带轮(一)和同步带轮(三)端面共面,同步带轮(二)和同步带轮(四)端面共面,08B20 链轮和 08B24 链轮端面共面,各部件配合良好及同步带、传动链张紧度合适,装配方法正确,无松动、无跳动等现象。

(5)系统运行调试应符合通用安全操作规范。

(6)运行过程中,二维工作台中 11(滑块)不能滑出直线导轨。

(7)调整变速箱,使输入轴与输出轴 1(接二维工作台的轴)正转速比为 2.4∶1,使输入轴与输出轴 2(接链轮的轴)速比为 2∶1。

三、任务目的

结合总装配图,使学生熟悉整台设备的运行流程,清楚零部件之间的装配关系、机构的运动原理及功能,培养学生对同步带传动、链传动、齿轮传动的调整能力,并了解和掌握以下几个部分的知识与技能:

(1)了解各部分的运动原理、功能及整台设备的运行流程。

(2)掌握同步带传动的调整方法。

(3)掌握链传动的调整方法。

(4)掌握齿轮传动的调整方法。

(5)掌握整台设备配合调整,是使整个设备运转灵活、正常工作并能达到相应的技术要求。

四、任务准备

根据表 6-15 准备任务所需要的设备和工量具。

表 6-15 机械传动的安装与调整机械系统的运行与调整的任务准备

序号	名称	型号及规格	数量	备注
1	机械装调技术综合实训装置	THMDZT-1 型	1 套	
2	普通游标卡尺	300mm	1 把	

续表 6-15

序号	名称	型号及规格	数量	备注
3	深度游标卡尺		1 把	
4	杠杆式百分表	0.8mm,含小磁性表座	1 套	
5	大磁性表座		1 个	
6	塞尺		1 把	
7	直角尺		1 把	
8	内六角扳手		1 套	
9	橡胶锤		1 把	
10	垫片		若干	
11	防锈油		若干	
12	紫铜棒		1 根	
13	轴承装配套筒		1 套	
14	零件盒		2 个	

五、知识链接

(1)调整内容及步骤

将变速箱,交流减速电机、二维工作台、齿轮减速器、间歇回转工作台、自动冲床分别放在铸件平台上的相应位置,并将相应的底板螺钉装入(螺钉不打紧,方便调整)。

(2)变速箱与二维工作台传动的安装与调整

①把二维工作台安装在铸件的底板上,通过百分表调整二维工作台丝杆与变速箱输出轴的平行度。

②通过调整垫片,将变速箱输出轴和二维工作台输入轴两齿轮调整错位不大于齿轮宽度的 5%,并进行啮合质量检测(包括齿侧间隙和啮合接触精度),用轴端挡圈分别固定在相应的轴上。

③调整好后,打紧底板螺钉,固定底板。

(3)变速箱与小锥齿轮传动部分的安装与调整

①首先用钢直尺,通过钢直尺调整两链轮端面的共面,用轴端挡圈将两链轮固定在相应的轴上。

②用截链器将链条截到合适长度。

③移动小锥齿轮底板前后位置,减小两链轮的中心距,将链条装上;通过移动小锥齿轮底板前后位置,来调整链条的张紧度。

(4)间歇回转工作台与齿轮减速器的安装与调整

①首先调整小锥齿轮部分,使两直齿圆柱齿轮正常啮合,通过加调整垫片调整直齿圆柱齿轮的错位量。

②调整减速器的位置,使两锥齿轮正常啮合,通过调整垫片(铜片)调整两锥齿轮的齿侧间隙。

③打紧底板螺钉,固定底板。

(5)齿轮减速器与自动冲床同步带传动的安装与调整

①用轴端挡圈分别将同步带轮安装在减速器的输出轴和自动冲床的输入端上。

②通过自动冲床上的腰行孔调节冲床位置,来减小两带轮的中心距,将同步带装在带轮上。

③调整自动冲床的位置,将同步带张紧(用 15N 的力用拇指按下,使同步带能翻转 90° 为张紧程度合适),用 1 米长的钢直尺调整两同步带轮的端面共面。

④打紧底板螺钉,固定底板。

(5)手动试运行

在变速箱的输入同步带轮上安装手柄,转动同步带轮,检查各部件是否能正常运行。

(6)交流减速电机与变速箱同步带传动的安装与调整

①将同步带轮固定在电机的输出轴上。

②用轴端挡圈将同步带轮固定在变速箱的输入轴上。

③调节同步带轮在电机输出轴上的位置,将两个带轮调整到同一平面上。

④通过电机底座腰行孔调节电机的位置,来减小两带轮的中心距,将同步带装在带轮上。

⑤调节电机的前后位置,将同步带轮张紧。

⑥打紧底板螺钉,固定底板。

(7)完成机械传动部件的安装与调整后,检查同步带、链条是否安装正确,并确认在手动状态下能够运行,各个部件运转正常后将二维工作台运行到中间位置。

(8)电气控制部分运行与调试

①电源控制箱(图 6-11)

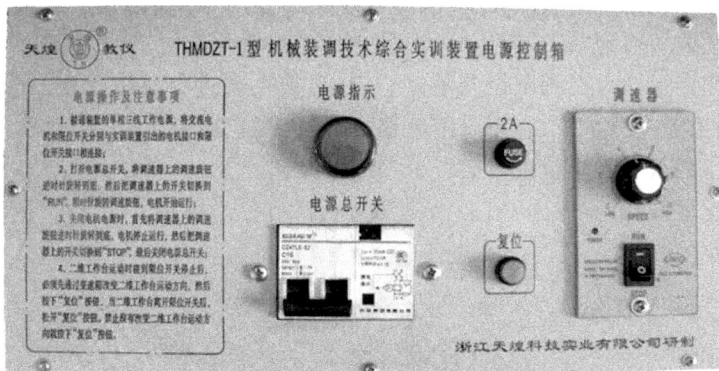

图 6-11　电源控制箱

检查面板上"2A"保险丝是否安装好,保险丝座内的保险丝是否和面板上标注的规格相同,不同则更换保险丝。用万用表(自备)测量保险丝是否完好,检查完毕后装好保险丝,旋紧保险丝帽。

用带三芯蓝插头的电源线接通控制屏的电源(单相三线 AC220V±10%,50Hz),将带三芯开尔文插头的限位开关连接线接入"限位开关接口"上,旋紧连接螺母,保证连接可靠,并将带五芯开尔文插头的电机电源线接入"电机接口"上,旋紧连接螺母,保证连接可靠。打开"电源总开关",此时"电源指示"红灯亮,并且"调速器"的"power"指示灯也同时点亮。此时通电完毕,经指导教师确认后方可进行下一步操作。

②电源控制接口(图 6-12)

主要分为限位开关接口、电源接口、电机接口。

图 6-12　电源控制箱

注意在连接上述三个接线插头时,请注意插头的小缺口方向要与插座凸出部分对应。在指导教师确认后,将"调速器"的小黑开关打在"RUN"的状态,顺时针旋转调速旋钮,电机转速逐渐增加,调到一定转速时,观察机械系统运行情况(转速可根据教师自行指导安排或根据实际情况定)。

电源操作及注意事项:

a. 接通装置的单相三线工作电源,将交流电机和限位开关分别与实训装置引出的电机接口和限位开关接口相连接。

b. 打开电源总开关,将调速器上的调速旋钮逆时针旋转到底,然后把调速器上的开关切换到"RUN",顺时针旋转调速旋钮,电机开始运行。

c. 关闭电机电源时,首先将调速器上的调速旋钮逆时针旋转到底,电机停止运行,然后把调速器上的开关切换到"STOP",最后关闭电源总开关。

d. 二维工作台运动时碰到限位开关停止后,必须先通过变速箱改变二维工作台运动方向,然后按下面板上"复位"按钮,当二维工作台离开限位开关后,松开"复位"按钮。禁止没有改变二维工作台运动方向就按下面板上"复位"按钮。

③机械系统运行与调试(图 6-13)

1—交流减速电机　2—变速箱　3—齿轮减速器　4—二维工作台　5—间歇回转工作台　6—自动冲床机构

图 6-13　机械系统运行与调试

电气系统接入并通电完毕后,根据实训指导教师要求对机械系统运行进行相关调整(箭头指向为系统运行时的旋转方向)。

六、作业布置

(1)简述齿轮传动的装配技术要求及啮合质量的检测。

(2)简述链传动的装配技术要求。

七、评分标准

请根据表 6-16 对任务完成情况打分。

表 6-16　机械传动的安装与调整机械系统的运行与调整

姓　名		学　号	班　级		实 习 时 间
课题名称		机械装调装置(THMDZT-1 型)机械传动的安装与调整			
序号	检测项目	学生自测	老师检测	标　准	配　分	得　分
1	变速箱与二维工作台之间直齿圆柱齿轮传动的安装与调整			齿侧间隙要求 ≤ 0.05mm,超差扣 2 分;啮合的精度接触斑点以节圆基准,上下对称分布,在齿廓的宽度上不少于 40%~70%;在齿廓高度接触斑点不少 30%~50%,未达到要求扣 5 分。	20	
2	变速箱与小锥齿轮传动部分的安装与调整			两链轮的共端面误差 ≤1°,下垂度为中心距的 $f \leqslant 20\% L$,超差扣 5 分。	15	
3	锥齿轮传动机构的安装调整			锥齿轮大端不齐扣 3 分;接触斑点在齿面的中间位置,长度达到齿面长的 2/3 为正确,达不到扣 5 分。	15	
4	齿轮减速器与自动冲床同步带传动的安装与调整			两同步带轮共端面误差 ≤2°,超差 1°扣 2 分。	10	

续表 6-16

5	蜗杆端小直齿圆柱齿轮啮合调整			两齿轮齿侧间隙≤0.05mm,超差扣2分;接触斑点以节圆基准,上下对称分布,在齿廓的宽度上不少于40%~70%;在齿廓高度接触斑点不少30%~50%,达不到要求扣5分。	10
6	整台装置试运行			手动试运行,转动灵活,无卡阻现象,有卡阻现象扣5分。	10
7	完成装配调整时间			限时30分钟,超时5分钟扣2分	10
8	安全文明实习			不文明实习扣5分不听指挥,情节严重者此次实习总成绩为0分	10

合计得分

教师签名＿＿＿＿＿＿＿＿＿＿＿　　　学生签名＿＿＿＿＿＿＿＿＿＿＿

6.9　THMDZP-2 型变速动力箱的装配与调整

一、任务引入

假设有一工厂装配车间招聘装配钳工工作人员,装配车间为应聘者出了这样一道题目:

根据自己的经验和理解,要求用最快、最简单的方法,基于变速动力箱部装图(资源库-附图二),选择合理的装配工艺,正确使用相关工、量具完成变速动力箱部件输入轴(28)上齿轮箱内大齿轮(一)(1)的拆卸,并用卡尺测量齿轮箱内大齿轮(一)(1)的齿顶圆直径和齿根圆直径,然后正确使用相关工、量具完成变速箱部件的装配与调试工作,使其达到正常运转的功能。

二、任务要求

(1)装配前的准备工作要充分,安装面应清理。

(2)在装配的过程中要求按装配的一般原则进行装配。

（3）装配工艺合理，装配顺序和方法及装配步骤正确、规范。

（4）在装配及调试过程中正确使用工、量具，读数准确，数据处理正确。

（5）在装配及调试的过程中零部件及工、量具的摆放应整齐，分类明确。

（6）在装配的过程中检测两啮合齿轮的啮合面宽度差，应调整为不大于两啮合齿轮厚度的 5% 为宜。

（7）测量轴（28）上齿轮箱内大齿轮（一）（1）的齿顶圆直径和齿根圆直径的测量数据。

（8）完成变速箱装配后，检测大带轮（31）与输入轴（28）的同轴度及大带轮（31）的端面跳动。

（9）按变速动力箱部装图（资源库-附图二），把变速动力箱装配完全，使变速动力箱运行平稳、灵活。

三、任务目的

通过本任务的学习，了解变速箱变速的工作原理和直齿轮、锥齿轮的装配工艺过程，培养学生看装配图纸的能力，能根据图纸正确装配变速动力箱，学会齿轮间隙的调整，装配后能进行空转试运行，并能判断分析常见的故障及能正确调整，做到举一反三。

四、任务准备

根据表 6-17 准备任务所需要的设备及工量具。

表 6-17　变速动力箱的装配与调整所需设备及工量具准备

序号	名称	型号及规格	数量	备注
1	机械装调技术综合实训装置	THMDZP-2 型	1 套	
2	普通游标卡尺	300mm	1 把	
3	开槽圆螺母扳手		1 把	
4	内六角扳手		1 套	
5	橡胶锤		1 把	
6	外用卡簧钳		1 把	
7	防锈油		若干	
8	紫铜棒		1 根	
9	螺丝刀		1 套	
10	零件盒		3 个	
11	轴承装配冲击套筒		1 套	
12	装配图		1 份	
13	拉马		1 只	
14	活动扳手		1 把	

五、知识链接

（1）变速动力箱模块介绍

变速动力箱模块是 THMDZP-2 型机械装配技能综合实训平台中的动力源部分，主要功能是为整台设备提供动力。其由主动电机通过带轮向变速动力箱提供输入动力，经过变速动力箱的操作后,使动力两路输出。变速动力箱主要由箱体、传动轴、圆柱齿轮、圆锥齿轮、轴承、键、端盖、支座等组成。其中四根轴组成的箱体结构,一根输入轴,一根传动轴和两根输出轴,两根输出轴成 90°夹角,可完成一轴输入两轴变速输出功能(图 6-14)。

图 6-14　变速动力箱模块结构

6.10　THMDZP-2 型变速动力箱的拆装与调试

一、变速动力箱的工作原理

变速动力箱(图 6-15)由带轮 1 输入动力,经卸荷装置 2、第一传动轴 3 驱动第二传动轴 4,第二传动轴 4 通过直齿轮、锥齿轮等传递,实现了两个方向动力的传动,一路驱动第三传动轴 5,另一路驱动第四传动轴 7。第三传动轴与第四传动轴成 90°夹角,可完成一轴输入两轴变速输出的功能。

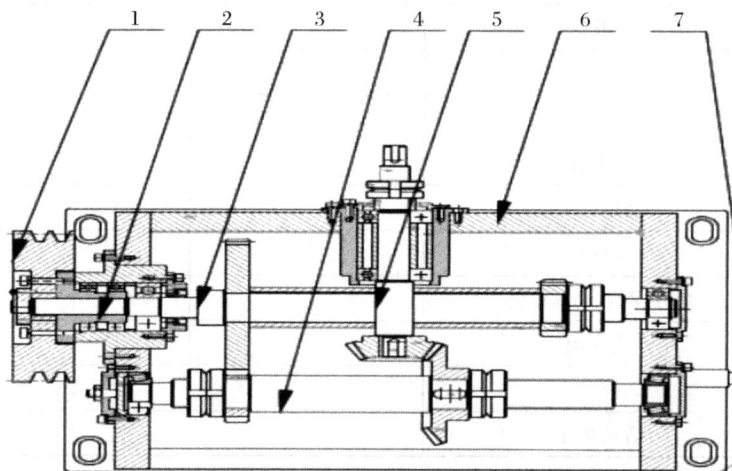

1—带轮　2—卸荷装置　3—第一传动轴　4—第二传动轴　5—第三传动轴　6—变速箱体　7—第四传动轴

图 6-15　变速动力箱的工作原理

二、变速动力箱的结构组成和特点

从上述工作原理可以看出,变速动力箱一般由下列几部分组成:

(1)传动系统:齿轮、传动轴等组成,其作用是传递动力源的运动和能量,并起变速、改变方向的作用。

(2)能源系统:由电动机等组成,电动机将电能转换成可旋转的动力。

(3)支承部件:主要为变速箱体、轴承、轴承套,它支撑了传动轴、齿轮的工作位置,保证精密分度盘的要求的精度、强度和刚度。

三、变速动力箱的装配

装配前先思考,按后拆的先装,先拆的后装的原则(表 6-18)。

表 6-18　变速动力箱的拆装与调试的任务实施

准备工作	1. 检查技术文件、图纸和零件的完备情况。 2. 根据装配图纸和技术要求,确定装配任务和装配工艺。 3. 根据装配任务和装配工艺,选择合适的工具、量具;工具、量具摆放整齐,装配前量具应校正。 4. 对装配的零部件进行清理、清洗,去掉零部件上的毛刺、铁锈、切削、油污等。
变速箱的装配步骤	第一步: 输出轴 1 的安装 1. 将齿轮 49 装入输出轴 1,并装入圆螺母固定。 2. 分别在输出轴两端装入圆锥滚子轴承 30203 的内圈。 3. 将输出轴 1 放入箱体内。分别在箱体两端安装轴承 30203 的外圈并安装闷盖与透盖,完成输出轴 1 的安装。

续表 6-18

	第二步： 固定轴的安装	1. 依次把齿轮 35、锥齿轮 36 装入固定轴的两端,并用圆螺母固定。 2. 分别在固定轴两端装入圆锥滚子轴承 30203 的内圈。 3. 将固定轴放入箱体内,并在箱体两端安装轴承 30203 的外圈,并安盖,完成固定轴的安装。
变速箱的装配步骤	第三步： 输入轴的安装	1. 依次将大齿轮(一)、齿轮套筒(41)、齿轮 35 装入输入轴,并用圆螺母固定,放入箱体内,把轴承 6203 装入箱体,装上闷盖。 2. 依次将轴承 6303(20)、61906(22)装入轴承座一,中间加内外轴承挡圈,并在两端分别装入透盖与大带轮支撑套(30)。 3. 将轴承座一装入箱体,并固定。 4. 安装大带轮(31),用圆螺母固定。

变速箱的装配步骤	第四步： 输出轴 2 的安装	1. 依次将轴承 7203 用背对背装入轴承座二,中间加内外轴承挡圈,并安装好透盖。 2. 将输出轴 2 装入轴承座二,并依次装入固定端轴承预紧套筒和圆螺母,安装大齿轮并固定。 3. 将输出轴 2 装入箱体,将锥齿轮安装在输出轴 2 上,并固定,固定轴承座二。
	第五步： 调整两啮合齿轮的 啮合面宽度差	通过齿轮箱调节端盖 1、端盖 2 和圆螺母来,调整两啮合齿轮的啮合面宽度差。
	第六步： 检测大带轮(31)与 输入轴(28)的同 轴度及大带轮(31) 的端面跳动	检测大带轮(31)与输入轴(28)的同轴度及大带轮(31)的端面跳动。

续表 6-18

变速箱的装配步骤	第七步：安装封盖	完成变速动力箱的装配。

四、提示

（1）变速动力箱的装配与调试应注意以下几个要点：

①装配前的准备

装配前的准备工作内容较多，首先读懂变速动力箱的装配图，理解变速箱的装配技术要求，了解零件之间的配合关系。检查零件的精度，特别是对配合要求较高部位零件，是否达到加工要求。按装配要求配齐所有零件，根据装配要求选用装配时所必需的工具。

②按先装配齿轮，后装传动轴，先装配内部件，后装配外部件，先装配难装配件，后装配易装配件的原则，进行变速动力箱零件装配和部件装配。

③手动转动装配后的变速动力箱，检查转动是否灵活，有无卡阻现象。

（2）在装配的过程中需注意以下几点：

①遵守实训场地的规章制度。

②正确使用工量具。

③工量具及零件摆放整齐。

④装配轴承时规范装配，不能盲目敲打。

⑤装配规范化，具有合理的装配顺序。

⑥维护实训车间卫生。

五、作业布置

（1）角接角轴承、圆锥滚子轴承、深沟球轴承的特点。各适用于什么场合？

（2）锥齿轮的安装要求有哪些？

（3）端面跳动如何测量与调整？

（4）变速动力箱装配完成后，在运转过程中发生卡阻现象，噪音较大，主要是什么原因造成的？如何解决？

六、任务记录表

请根据表 6-19 对任务完成情况打分。

表 6-19 变速动力箱的拆装与调试任务记录表

姓名		班级		操作时间	
序号	内容	配分	评分要求	数值记录	备注
1	分析图纸及任务书、根据图纸及任务书准备工量具。	5	不符合要求每处扣 0.5～5 分		
2	工量具、零部件等放置有序	5	不符合要求每处扣 0.5～5 分		
3	根据图纸清点零件,并对零件进行清选、清理	5	不符合要求每处扣 0.5～5 分		
4	拆卸输出轴大齿轮(52)	10	没做不得分		
5	测量输出轴大齿轮(52)的齿顶圆直径、齿根圆直径。	10	测量方法不对不得分		
6	绘制输出轴大齿轮(52)零件草图。	10	完整、清晰		
7	调整大带轮(31)与输入轴(28)的同轴度	15	≤0.05,超差不得分		
8	调整大带轮(31)的端面跳动	10	≤0.05,超差不得分		
9	齿轮间隙调整	10	≤0.08,超差不得分		
10	变速动力箱调试	10	应运转平稳,灵活		
11	安全文明生产	10	符合 7S 车间管理要求		

教师签名＿＿＿＿＿＿＿＿＿＿＿ 学生签名＿＿＿＿＿＿＿＿＿＿＿

6.11 THMDZP-2 型凸轮控制式电磁离合器与 精密分度盘的装调

一、任务引入

随着现代制造技术的不断发展,机械传动机构的定位精度和动力传递的稳定性在不断提高,运动轮廓的复杂性在不断地加大,使传统的传动机构发生了重大变化。凸轮机构、电磁离合器、蜗轮蜗杆的应用极大地提高了各种机械的传动性能。凸轮机构以其独有的特性能够使零部件实现复杂、既定的曲线运动。电磁离合器实时控制动力的传递过程,实现了主动部件与从动部件之间的联动与切离、动力传动的制动与停止、变速、正反运转、高速运转、定转位。蜗轮蜗杆常用于两轴交错、传动比大、间歇工作的场合。它们广泛地应用在制造机械、自动化、各种动力传输、港口机械和航空航天等产业上。现在请根据精密分度头模块部装图(资源库-附图三)和提供的零部件及以下检测项目和具体要求,选择合理的装配工艺,正确使用相关工、量具完成精密分度头模块的装配与调试工作,使精密分度头模块部件正常运转。

二、任务要求

(1)装配前的准备工作要充分,安装面应清理。

(2)在装配的过程中要求按装配的一般原则进行专配。

(3)装配工艺合理,装配顺序和方法及装配步骤正确、规范。

(4)在装配及调试过程中正确使用工、量具,读数准确,数据处理正确。

(5)在装配及调试的过程中零部件及工、量具的摆放应整齐,分类明确。

(6)正确使用工、量具,完成蜗轮(45)与蜗杆(22)的调整,使蜗杆轴无窜动,蜗轮蜗杆的齿侧间隙调整在 0.03~0.08mm 以内。

三、任务目的

通过本任务的学习,使学生了解和掌握以下几点知识技能:

(1)能够读懂凸轮控制式电磁离合器与精密分度盘的部件装配图,了解各个零件之间的装配关系,了解电磁离合器、蜗轮蜗杆的动作过程和功能。

(2)理解图纸中的技术要求,根据技术要求进行零部件的安装和调整。

(3)正确掌握离合器间隙调整方法和调整步骤。

(4)正确使用工、量具测量轴承座的等高及法兰盘的同轴度。

(5)安装蜗轮蜗杆,并达到使用要求。

四、相关知识链接

THMDZP-2 型机械装配技能综合实训平台中的动力传递机构与分度转向机构(图 6-16)。凸轮控制式电磁离合器由凸轮的外轮廓线控制限位开关的闭合而使电刷得电与失电来控制电磁离合器的离合,最终达到动力的间歇传递。其动力来源于电磁离合器的传递,由蜗轮蜗杆进行交错传递,精确地控制分度转盘进行四分度转动。

电磁离合器靠线圈的通断电来控制离合器的接合与分离,凸轮通过限位开关控制电磁

图 6-16　凸轮控制式电磁离合器与精密分度盘

离合器的通断电,动力通过电磁离合器进行一定间歇地传递。

(1)凸轮控制式电磁离合器的工作特点

①通过凸轮的调节与修正控制电磁离合器的工作间歇时间的长短。

②凸轮通过限位开关的闭合控制电磁离合器通断电。

③电磁离合器精确、快速、高效率的传递动力,从而准确无误的控制相应分度盘的工作位置和转动时间。

综上所述,凸轮控制式电磁离合器特别适用于要求精确控制定位、快速变速、转向的领域。电磁离合器是随着企业对精确控制、提高生产效率的需求而产生的,满足试制产品过程中工件结构灵活、转动速度高和产出快等方面的要求,当传统机械控制离合器的生产方式已经不能适应灵活多变、高效率生产的需求时,出现了电磁离合器。电磁离合器的机能已经很好地满足上述现代生产的要求,但其结构又在此基础上进行了创新,由凸轮控制电磁离合器的通断电来实现其相应的功能。

(2)电磁离合器的分类

电磁离合器有许多形式,如干式单片电磁离合器、干式多片电磁离合器、湿式多片电磁离合器、磁粉离合器、转差式电磁离合器等。按电磁离合器工作方式又可分为通电结合和断电结合两种。

(3)凸轮控制式电磁离合器的工作原理

如图 6-17 所示为凸轮控制式电磁离合器的传动简图,其主传动是由传动轴机 1 通过斜齿轮 2 进行交错传递,轴承座 3 起到支撑作用,通过电磁离合器 4 间歇传递动力,蜗轮 6、蜗杆 5 相互配合驱动蜗轮轴 7 进行转动,最终驱动分度盘 9 进行转动,卸荷装置 8 起到保护蜗轮轴不受径向力,凸轮 10 需经过修配才能和电磁离合器配合动作,控制自动钻床进给机构与分度盘的间歇配合。

(4)电磁离合器间隙控制测量方法(图 6-18)

在安装电磁离合器的过程中,先调整轴承座的等高,然后用塞尺检测电磁离合器之间的

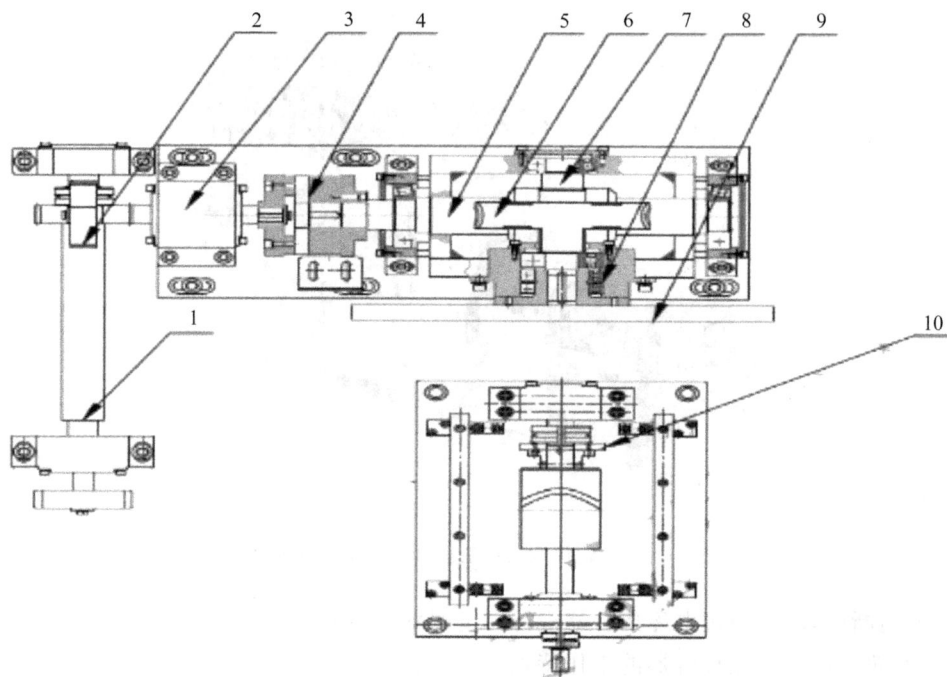

1-传动轴　2-斜齿轮　3-轴承座　4-电磁离合器　5-蜗杆
6-蜗轮　7-蜗轮轴　8-卸荷装置　10-凸轮
图 6-17　凸轮控制式电磁离合器的传动简图

间隙,控制在 0.5mm 之内,可做到不磨齿,离合效果好。

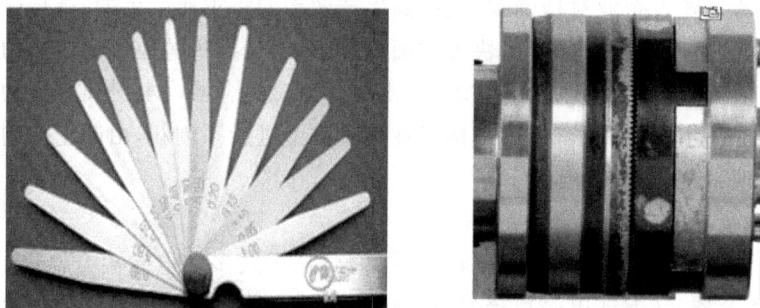

图 6-18　电磁离合器间隙控制测量方法

(5)圆盘凸轮的修配与调整方法

圆盘凸轮需经过修配才能达到相应的技术要求,圆盘凸轮突出的一部分为其 1/4,通过圆盘突出的一部分控制限位开关的通断电,从而进一步控制电磁离合器的离合间歇时间,使分度盘的工作间歇时间与钻夹头的进给行程相互配合。可用小锉刀进行凸轮的修配,注意不可修配过量,修配好后进行试车,观察分度盘的转动时间与钻夹头的进给行程是否冲突,当钻夹头开始钻孔时,分度盘上的工件应静止且与钻头相互垂直的,如果不需再次修配,直至达到相应的技术要求。

五、任务准备

根据表 6-20 准备任务所需要的设备与工量具。

表 6-20　凸轮控制式电磁离合器与精密分度盘的装调所需设备与工量具

序号	名称	型号及规格	数量	备注
1	机械装调技术综合实训装置	THMDZP-2 型	1 套	
2	普通游标卡尺	300mm	1 把	
3	开槽圆螺母扳手		1 把	
4	内六角扳手		1 套	
5	橡胶锤		1 把	
6	外用卡簧钳		1 把	
7	防锈油		若干	
8	紫铜棒		1 根	
9	螺丝刀		1 套	
10	零件盒		3 个	
11	轴承装配冲击套筒		1 套	
12	装配图		1 份	
13	拉马		1 只	
14	活动扳手		1 把	
15	杠杆百分表		1 只	
16	百分表与磁性表座		1 只	

(1)检查技术文件、图纸和零件的完备情况。
(2)根据装配图纸和技术要求,确定装配任务和装配工艺。
(3)根据装配任务和装配工艺,选择合适的工、量具,并摆放整齐,装配前量具应校正。
(4)对装配的零部件进行清理、清洗,去掉零部件上的毛刺、铁锈、切削、油污等。

六、任务实施

装配前先思考,按后拆的先装,先拆的后装的原则(表 6-21)。

表 6-21　凸轮控制式电磁离合器与精密分度盘的装调

步骤	示意图	说明
第一步: 清理安装面		安装前务必用油石和棉布等清除安装面上的加工毛刺及污物。
第二步: 蜗轮箱体及蜗轮蜗杆、卸荷装置的安装		将蜗杆轴承座先安装在底板的相应位置。

续表 6-21

步骤	示意图	说　明
		将分度箱体用螺丝从底板反面固定。
第二步：蜗轮箱体及蜗轮蜗杆、卸荷装置的安装		将蜗杆蜗轮、卸荷装置安装在相应位置
		将分度盘安装在蜗轮轴上面
		安装传动轴及斜齿轮

步骤	示意图	说 明
第三步: 电磁离合器的 安装与调试		将电磁离合器安装在相应位置,并调整间隙与同轴度。
		安装离合器电刷及电刷支架。
第四步: 圆盘凸轮的安 装与调整		将圆盘凸轮安装在圆柱凸轮轴上,调整圆盘凸轮的相对位置,并对其进行修配,使分度盘的转动时间与钻头的工作时间相互配合。
第五步: 试车与检验、 调整		试车并检验钻夹头的进给行程与分度盘的转动时间和角度是否能准确配合。

七、提示

(1)蜗轮蜗杆的装配一般应先装蜗轮再装蜗杆。

(2)在修配圆盘凸轮时应先关闭电源。

(3)调整电磁离合器时,应先调整等高,再调整平行,最后调整配合间隙。

(4)在装配的过程中需注意以下几点:

①遵守实训场地的规章制度。

②正确使用工量具。

③工量具及零件摆放整齐。

④装配轴承时规范装配,不能盲目敲打。

⑤装配规范化,具有合理的装配顺序。

⑥维护实训车间卫生。

八、作业布置

(1)电磁离合器的种类与适用场合。

(2)蜗轮蜗杆的装配要点。

九、任务记录表

请根据表 6-22 对任务完成情况打分。

表 6-22　凸轮控制式电磁离合器与精密分度盘的装调任务记录表

姓名		班级		操作时间	
序号	检测内容	配分	评分要求	数值记录	备注
1	分析图纸及任务书、根据图纸及任务书准备工量具。	5	不符合要求每处扣 0.5～5 分		
2	工量具、零部件等放置有序	5	不符合要求每处扣 0.5～5 分		
3	根据图纸清点零件,并对零件进行清选、清理	5	不符合要求每处扣 0.5～5 分		
4	蜗杆轴的径向跳动	10	没做不得分		
5	蜗杆轴的径向跳动	10	测量方法不对不得分		
6	绘制蜗轮草图	10	完整、清晰		
7	电磁离合器的等高	15	≤0.05,超差不得分		
8	电磁离合器的配合间隙	10	≥0.4,≤0.5 超差不得分		
9	蜗轮蜗杆齿侧间隙调整	10	≤0.08,超差不得分		
10	凸轮控制式电磁离合器的调试	10	应运转平稳,灵活		
11	安全文明生产	10	符合 7S 车间管理要求		

教师签名＿＿＿＿＿＿＿＿＿＿　　　学生签名＿＿＿＿＿＿＿＿＿＿

6.12 THMDZP-2 型工件夹紧装置的装配与调整

一、任务引入

在工件上加工出符合要求形体的有一个前提条件,就是加工前必须将工件进行定位夹紧,这样才能保证工件受到切削力或其他力的作用时,位置不会发生变化,进行加工可得到所需要的形状。但随着现代制造技术不断进步,对加工精度、加工效率的要求也越来越高,为了适应技术的进步,产生了专业夹具。先进的夹具安装方式,既能保证质量又能节省工时,对操作者的技能要求较低。但由于专业夹具的制作成本太高,所以只适用于成批大量生产中,对半自动或者全自动生产特别适用。请根据工件夹紧装置的装配图(资源库-附图七),选择合理的装配工艺,正确使用相关工、量具完成工件夹紧装置的装配、调试工作,使其正常运转。

二、任务要求

(1)装配前的准备工作要充分,安装面应清理。

(2)在装配的过程中要求按装配的一般原则进行装配。

(3)装配工艺合理,装配顺序和方法及装配步骤正确、规范。

(4)在装配及调试过程中正确使用工、量具,读数准确,数据处理正确。

(5)在装配及调试的过程中零部件及工、量具的摆放应整齐,分类明确。

(6)工件夹紧装置底盘与蜗轮轴的同轴度≤0.05mm。

三、任务目的

通过本任务的学习,了解工件夹紧装置的工作原理,学会如何进行工件夹紧装置同轴度的调整,钻夹头与打击器和工件夹紧装置的配合调整,并对常见故障进行判断分析。

四、相关知识链接

工件夹紧装置(图 6-19)安装在精密分度盘上,夹具整体旋转动力来源于电磁离合器的

图 6-19　工件夹紧装置

传递,由蜗轮蜗杆进行交错传递,进一步精确地控制分度转盘进行四分度转动。工件夹紧的原理是通过压紧凸轮进行控制,在压紧凸轮上有一个凸轮旋柄,起到手动压紧和自动卸载的作用。

(1)工件夹紧装置的工作原理

工件夹紧装置的组成如图 6-20 所示,2~9 组成夹紧组件,整体固定在夹具安装盘,形成一个可自动拆卸的系统,夹紧组件在夹具安装盘的位置已经确定,不需要进行位置的调整。

要加工的工件 7 放在 9 和 6 中间,转动 5,通过 4 压紧 6,即可将工件固定。当整个工件开始旋转时,5 会碰到冲头,4 会反转,这时工件就会自动脱落。

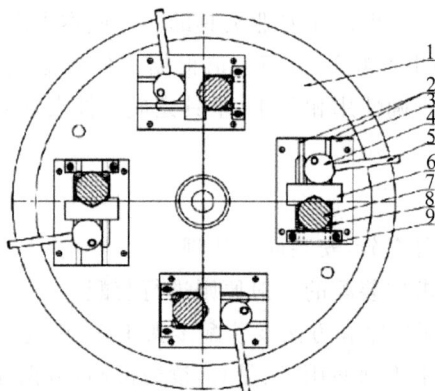

1—夹具安装盘　2—压块导杆　3—夹具底板　4—压紧凸轮　5—凸轮旋柄
6—V 型活动块　7—工件　8—弹簧　9—固定压紧块
图 6-20　工件夹紧装置的组成

(2)工件夹紧装置的结构组成和特点

从上述工作原理可以看出,工件夹紧装置一般由下列几部分组成:

①工作机构

指由夹紧组件组成的部分,其作用主要是将工件位置定好,在加工过程中不发生移动。

②动力系统

夹紧组件的整体部分固定在夹具安装盘上,其由蜗轮蜗杆带动控制分度盘进行转动,在整体旋转时碰到冲头,可自动进行解除压紧,使工件自动脱落。

③支撑部件

主要由压紧块、凸轮和凸轮旋柄组成,起到了半自动压紧和解除压紧的作用。

(3)工件夹紧装置的装配和调试要点

①装配前的准备工作内容较多,首先读懂工件夹紧装置的装配图,理解工件夹紧装置的装配技术要求,了解零件之间的配合关系,检查零件的精度,特别是对配合要求较高部位零件,检查其是否达到加工要求。根据装配要求配齐所有零件,根据装配要求选用装配时所必需的工具。

②夹紧组件安装完成后,要先转动压紧凸轮,确认能够压紧工件。同时确认在转动的过程中,V 型活动块滑行顺畅。若无问题,还需反转压紧凸轮,确认 V 型活动块在弹簧的作用

下能够顺利弹起,不能有卡阻现象。

③夹具安装盘已经和分度盘安装好后调整好同轴度,此时将夹紧组件安装在夹具安装盘上即可。

(4)夹紧组件的检测

①量具的要求

要能正确使用卡尺检测其装配尺寸,确认其在图纸要求范围。

②活动块的滑动

V型块活动块装入夹具安装盘后,要保证其能通过压块导杆顺利滑动。

③压紧凸轮的安装

压紧凸轮装入定位销后要能够正常旋转,不能出现无法压紧工件的现象。

五、任务准备

根据表 6-23 准备任务所需的设备和工量具。

表 6-23　工件夹紧装置安装与调试任务实施

序号	名称	型号及规格	数量	备注
1	机械装调技术综合实训装置	THMDZP-2 型	1 套	
2	普通游标卡尺	300mm	1 把	
3	杠杆百分表		1 只	
4	内六角扳手		1 套	
5	橡胶锤		1 把	
6	百分表与磁性表座		1 只	
7	防锈油		若干	
8	紫铜棒		1 根	
9	螺丝刀		1 套	
10	零件盒		3 个	
11	百分表与磁性表座		1 只	
12	装配图		1 份	

(1)检查技术文件、图纸和零件的完备情况。

(2)根据装配图纸和技术要求,确定装配任务和装配工艺。

(3)根据装配任务和装配工艺,选择合适的工、量具,并摆放整齐,装配前量具应校正。

(4)对装配的零部件进行清理、清洗,去掉零部件上的毛刺、铁锈、切削、油污等。

六、任务实施

装配前先思考,按后拆的先装,先拆的后装的原则(表 6-24)。

表 6-24　工件夹紧装置的安装步骤

第一步:		清理安装面安装前务必用油石和棉布等清除安装面上的加工毛刺及污物。

续表 6-24

		将压块导杆穿过 V 型活动块,并将弹簧装在压块导杆上。
第二步: 压紧块部分的安装		将固定压紧块锁在夹具底板上,并将 V 型活动块滑入底板。(此时要注意其配合度,滑动要顺利,不能有卡阻现象)。
		将压块导杆锁紧导固定压紧块上。
第三步: 压紧凸轮和工件的安装		将凸轮旋转销安装在夹具底板上。
		凸轮旋柄旋入到压紧凸轮中,将压紧凸轮放到旋转销上。

第三步: 压紧凸轮和工件的安装		放入工件。
第四步: 圆盘凸轮的安装与调整		旋转压紧凸轮,将工件夹紧(此时需将压紧凸轮反转观察 V 型活动块弹起时是否会出现卡阻现象,若无即为正常)。
第五步: 夹紧组件安装到夹具安装盘上		试车,检验钻夹头与打击器的进给位置是否能作用工件上。

七、提示

(1)在安装固定平紧块时,应固定在长腰螺丝孔的中间位置,并留有调节位置。

(2)调节工件夹紧装置与蜗轮轴的同轴度到≤0.05mm 时,应先把固定螺丝预紧。

(3)在装配的过程中需注意以下几点:

①遵守实训场地的规章制度。

②正确使用工量具。

③工量具及零件摆放整齐。

④装配规范化,具有合理的装配顺序。

⑤维护实训车间卫生。

八、作业布置

(1)工件夹紧装置还能做哪些改进,请谈谈你的看法?

九、任务记录表

请根据 6-25 对任务完成情况打分。

表 6-25　工件夹紧装置的装配与调整

姓名		班级		操作时间	
序号	检测内容	配分	评分要求	数值记录	备注
1	分析图纸及任务书、根据图纸及任务书准备工量具。	5	不符合要求每处扣 0.5～5 分		
2	工量具、零部件等放置有序	5	不符合要求每处扣 0.5～5 分		
3	根据图纸清点零件,并对零件进行清选、清理	5	不符合要求每处扣 0.5～5 分		
4	工件夹紧装置底盘与蜗轮轴的同轴度≤0.05mm	20	≤0.05,超差不得分		
5	工件夹紧装置的安装	20	每个 5 分		
6	工件夹紧装置压紧的安装工艺	10	完整、清晰		
8	工件夹紧装置压紧及自动卸载的原理	15	不完整,酌情扣分		
10	工件夹紧装置的调试	10	应夹紧牢固,装夹灵活		
11	安全文明生产	10	符合 7S 车间管理要求		

　　教师签名＿＿＿＿＿＿＿＿＿＿＿＿　　　　　学生签名＿＿＿＿＿＿＿＿＿＿＿＿

6.13　THMDZP-2 型自动转床进给机构的装配与调整

一、任务引入

　　随着现代制造技术的不断发展,机械传动机构的定位精度、导向精度和进给速度在不断提高,使传统的传动导向机构发生了重大变化。直线导轨、凸轮的应用极大地提高了各种机械的性能。直线导轨副以其独有的特性,逐渐取代了传统的滑动直线导轨,广泛地应用在精密机械、自动化、动力传输、半导体、医疗和航空航天等产业上。使用直线导轨适应了现今机械对于高精度、高速度、节约能源以及缩短产品开发周期的要求,其已被广泛应用在各种重型组合加工机床、数控机床、高精度电火花切割机、磨床、工业用机器人乃至一般产业用的机械中。圆柱凸轮能将回转运动转化为直线运动,或将直线运动转化为回转运动。

　　请根据自动转床进给机构部装图(资源库-附图四)、提供的零部件及以下检测项目要求,选择合理的装配工艺,正确使用相关工、量具,完成未装配部分的装配调整工作,达到自动钻床进给机构的使用功能及工作要求。

二、任务要求

　　(1)装配前的准备工作要充分,安装面应清理。

　　(2)在装配的过程中要求按装配的一般原则进行专配。

（3）装配工艺合理，装配顺序和方法及装配步骤正确、规范。

（4）在装配及调试过程中正确使用工、量具，读数准确，数据处理正确。

（5）在装配及调试的过程中零部件及工、量具的摆放应整齐，分类明确。

（6）粗调靠近自动钻床进给机构用底板基准面 A(30) 侧（磨削面）直线导轨、滑块(31) 与自动钻床进给机构用底板基准面 A(30) 的平行度。

（7）细调直线导轨、滑块(31) 与自动钻床进给机构用底板基准面 A(30) 的平行度允差 ≤0.01mm。

（8）以"要求 7"中的直线导轨、滑块(31) 为基准，粗调另一根直线导轨、滑块(31) 与"要求 7"中的直线导轨、滑块(31) 的平行度，再细调两根直线导轨的平行度，使两根直线导轨的平行度允差 ≤0.01mm。

（9）由设备自带的轴承座调试芯棒调整圆柱凸轮(24) 两端轴承座内孔的同轴度误差及圆柱凸轮(24) 的轴线与两导轨的对称度和平行度误差，同轴度允差 ≤0.05mm、对称度允差 ≤0.05mm、平行度允差 ≤0.05mm。

（10）检测钻夹头(7) 的轴向窜动和径向跳动，调整钻夹头(7) 的轴向窜动允差 ≤0.02mm、径向跳动允差 ≤0.02mm，并保证与电机轴(48) 的同轴度误差。

（11）拆装过程中，各零件不错装、漏装、损坏。

（12）按自动进给机构部装图（资源库-附图四），把自动转床进给机构装配完成，使自动进给机构运行平稳、灵活，不允许有卡阻现象。

三、任务目的

通过本任务的学习，了解圆柱凸轮的工作原理、自动钻床的工作方式、自动钻床的安装方式和装配工艺过程、燕尾槽的调整方式、钻头与物料盘的垂直度与间隙距离的调整、机械装配原理，学会调整配合轴承的间隙和两平行导轨的平行度调整。

四、相关知识链接

自动转床工作台主要由直线导轨、圆柱凸轮、底板、中滑板、上滑板等构成（图 6-21）。

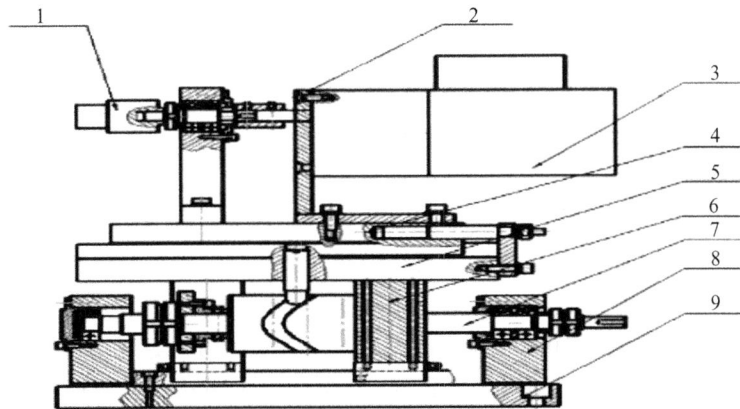

1—钻夹头　2—电机座　3—电机　4—电机固定板　5—中滑板
6—等高块　7—圆柱凸轮　8—轴承座　9—底板
图 6-21　自动转床工作台

自动转床的装配与调试,是对机床进给、传动系统等的仿真训练。

（1）凸轮的工作原理

①凸轮可实现往复运动和不均匀运动,圆柱凸轮主要可带动转头进行来回运动,实现运动上的匀速。

②圆柱凸轮的应用

a.气阀杆的运动规律规定了凸轮的轮廓外形,当矢径变化的凸轮轮廓与气阀杆的平底接触时,气阀杆产生往复运动。而当以凸轮回转中心为圆心的圆弧段轮廓与气阀杆接触时,气阀杆将静止不动。因此,随着凸轮的连续转动,气阀杆可获得间歇的、按预期规律的运动。

b.当圆柱凸轮回转时,凹槽侧面迫使摆动从动件摆动,从而驱使与之相连的刀架运动,而刀架的运动规律则完全取决于凹槽的形状。

（2）直线导轨

①直线导轨运用广泛,在高精密设备上面随处可见,能够达到很高的运动精度和位置精度,可以更好地调节平行度,在运动的时候没有划移、卡死的现象。

②随着现代制造技术的不断发展,使得传统的制造业发生了巨大的变化,数控技术、机电一体化和工业机器人在生产中得到了更加广泛的应用。同时机械传动机构的定位精度、导向精度和进给速度在不断提高,使传统的导向机构发生了重大变化。自 1973 年开始商品化以来,滚动直线导轨副以其独有的特性,逐渐取代了传统的滑动直线导轨,在工业生产中得到了广泛的应用。其适应了现今机械对于高精度、高速度、节约能源以及缩短产品开发周期的要求,已被广泛应用在各种重型组合加工机床、数控机床、高精度电火花切割机、磨床、工业用机器人乃至一般产业用的机械中。

③滚动直线导轨副的性能特点

a.定位精度高

滚动直线导轨的运动借助钢球滚动实现,导轨副摩擦阻力小,动静摩擦阻力差值小,低速时不易产生爬行。重复定位精度高,适合作频繁启动或换向的运动部件,可将机床定位精度设定到超微米级。同时根据需要,可适当增加预载荷,确保钢球不发生滑动,实现平稳运动,减小了运动的冲击和振动。

b.磨损小

滑动导轨面的流体润滑,由于油膜的浮动,产生的运动精度误差是无法避免的。在绝大多数情况下,流体润滑只限于边界区域,而由金属接触而产生的直接摩擦也是无法避免的,在这种摩擦中,大量的能量以摩擦损耗被浪费掉了。与之相反,滚动接触由于摩擦耗能小,滚动面的摩擦损耗也相应减少,故能使滚动直线导轨系统长期处于高精度状态。同时由于使用的润滑油也很少,使得在机床的润滑系统设计及使用维护方面都变得非常容易。

c.适应高速运动、大幅降低驱动功率

采用滚动直线导轨的机床由于摩擦阻力小,可使所需的动力源及动力传递机构小型化,使驱动扭矩大大减少,使机床所需电力降低 80%,节能效果明显。可实现机床的高速运动,提高机床的工作效率 20%～30%。

d.承载能力强

滚动直线导轨副具有较好的承载性能,可以承受不同方向的力、颠簸力矩、摇动力矩和摆动力矩等载荷,具有很好的载荷适应性。在设计制造中加以适当的预加载荷可以增加阻尼,提高抗震性,同时可以消除高频振动现象。而滑动导轨在平行接触面方向可承受的侧向负荷较小,易造成机床运行精度不良。

e.组装容易并具互换性

传统的滑动导轨必须对导轨面进行刮研,既费事又费时,且一旦机床精度不良,必须再刮研一次。滚动导轨具有互换性,只要更换滑块或导轨或整个滚动导轨副,机床即可重新获得高精度。

如前所述,由于滚珠在导轨与滑块之间的相对运动为滚动,可减少摩擦损失。通常滚动摩擦系数为滑动摩擦系数的 2% 左右,因此采用滚动导轨的传动机构远优越于传统滑动导轨。

④滚动直线导轨副的选用方法

滚动直线导轨副具有承载能力大、接触刚性高、可靠性高等特点,主要在机床的床身、工作台导轨和立柱上、下升降导轨上使用。在选用时可以根据负荷大小,受载荷方向、冲击和振动大小等情况来选择。

a.受力方向

由于滚动直线导轨副的滑块与导轨上通常有 4 列圆弧滚道,因此能承受 4 个方向的负荷和翻转力矩。导轨承受能力随滚道中心距增大而加大。

b.负荷大小

滚动直线导轨不同规格有着不同的承载能力,可根据承受负荷大小选择。为使每副滚动直线导轨均有比较理想的使用寿命,可根据所选厂家提供的近似公式计算额定寿命和额定小时寿命,以便给定合理的维修和更换周期。还要考虑滑块承受载荷后,每个滑块滚动阻力的影响,进行滚动阻力的计算,以便确定合理的驱动力。

c.预加负载的选择

根据设计结构的冲击、振动情况以及精度要求,选择合适的预压值。

⑤滚动直线导轨副的现状

目前,国外生产滚动直线导轨副的厂商主要集中在美国、英国、德国及日本等国家。国内在滚动直线导轨副的制造方面还处于初始阶段,与国外相比,仍有差距,主要表现为品种少、产量小、使用寿命低、噪音大、加工工艺也不如国外先进。以南京工艺装备制造厂、广东凯特精密机械有限公司为代表的国内企业,正在努力缩小这种差距,他们的部分产品已经具有国际先进水平。

⑥直线滚动导轨副的发展趋势

滚动直线导轨副的新类型、新功能目前在不断涌现,并正在向组合化、集成化、高速、低噪音、智能化方向发展。

a.用滚珠保持的滚动直线导轨副

THK 公司采用滚珠保持架与滚珠构成一体,保持滚珠平稳地进行循环运动,消除了滚珠间的相互摩擦,开发了噪声低、免维修、寿命长、速度可达 300m/min 的超高速直线运动的 SSR 导轨副,并已开始推广。该导轨副实现了 100m/min 运动速度下噪声小于 50dB,摩擦波动幅度减少到以往产品的 1/5。另外,通过了一次加油脂 2cm³,运行 2800km 的试验。今后带滚珠保持架的直线运动导轨副将逐渐成为高档数控机床选用的主流。

b.直线电动机和直线导轨并用

采用一体化直线电动机的滑台系统具有结构紧凑、运行中动力大的特点。同时滑台系统的定位精度也有所提高。SKF 直线系统有限公司与 Pratec 直线电动机制造厂进行合作，并于 1996 年已开始推广一体的直线电动机滑台系统产品。

c. HIWIN 智慧型 PG 系列直线导轨

PG 系列整合线性滑轨及编码器于一体，大幅增加空间效益。兼具线性滑轨高刚性及磁性编码器高精度之优点。内藏式尺身及感应读头，不易受外力破坏。讯号感应属非接触性，产品寿命长。可做长距离之量测（磁性尺身部分可达 30 m）。量测特性不因油、水、粉尘及切削屑之恶劣工作环境而改变。另对震动、噪音及高温之环境亦可胜任，分辨率佳，安装容易。

d. 混合工作台

日本研制了一种新型的滚动直线导轨副工作台，它具有一套滑动电磁块装置，可在定位加工时吸到导轨上以增加摩擦力，从而提高了系统的抗震性能，所以它又称为混合工作台（hybrid table system）。

e. 新材料制造的滚动直线导轨副

由于用户要求的多样化及使用环境的不同，出现了用新材料制造的滚动直线导轨副。例如采用不锈钢制作的产品，其导轨轴、滑块、钢球、密封端和保持器均采用不锈钢材料制作，而反向器采用合成树脂，故耐腐蚀性提高。对于要求高温和真空用途时，反向器也可以采用不锈钢材。此外，用陶瓷材料制造的滚动直线导轨副得到开发应用。

目前，在恶劣环境即高粉尘浓度、强酸、强碱和高腐蚀场合使用直线导轨还有一定的局限性。但随着直线导轨技术的日益完善，以及直线导轨具有高速性与控制性等诸多突出的优点，以及丰富的类型和功能，可以预期，其为一个功能部件将越来越多地用在数控机床等机械设备上。

（3）燕尾槽的工作原理

燕尾导轨是一种机械结构，槽的形状为∠，它的作用是做机械的相对运动，运动精度高、稳定。燕尾导轨常和梯形导轨配合在机床的拖板上使用，起导向和支撑作用。调节燕尾斜铁可以调节燕尾与下面板的配合度。

五、任务实施

自动转床结构装配与调试

自动转床结构装配与调试过程与二维工作台的装配过程类式，在装配过程中有不同的位置和精度要求，需要调整位置精度和行为误差以达到生产水平的要求，自动转床的安装调试有以下几个要点：

（1）装配前的准备工作内容较多，首先读懂自动转床模块的装配图，理解装配的装配技术要求，了解零件之间的配合关系。检查零件的精度，特别是对配合要求较高的零件，检查是否达到加工要求。按装配要求配齐所有零件，根据装配要求选用装配时所必需的工具。

（2）安装时，需要从下往上一步一步，先难后易安装。自动转床应先安装底板。找到基准面，安装上面的两平行直线导轨，通过量具调整导轨与基准面的平行度，以底板的基准面为基准用百分表从一边到另一边依次测量，使导轨与基准面平行后，拧紧螺钉。在安装好一个导轨后，以已安装的导轨为基准，用百分表测量第二根导轨的平行度，确定后拧紧螺丝。

（3）在安装圆柱凸轮，调整圆柱凸轮的两端的等高与导轨的平行度时选择合适的工具，使两轴承座中心线等高，圆柱凸轮与导轨平行。

(4)安装完成后,调整好平行划块的位置,安装等高块。

(5)调整好等高块后,安装滑板与燕尾槽,使电机座和燕尾槽配合,调整钻头到料盘的距离,固定好后用斜铁调整燕尾槽之间的间隙。

(6)在安装完成后,用表测量调整电机钻头与料盘的垂直度和距离间隙,调整电机的形位误差和距离误差以达到生产要求。

六、提示

(1)调整电机的形位误差和距离误差时,应关闭电源,使用手动模式。

(2)安装圆盘凸轮时先预紧,待调试合再拧紧螺丝。

(3)调整圆柱凸轮两轴承座等高与导轨的平行度时,应先调整等高,再调整平行。

(4)在装配的过程中需注意以下几点:

①遵守实训场地的规章制度。

②正确使用工量具。

③工量具及零件摆放整齐。

④装配轴承时规范装配,不能盲目敲打。

⑤装配规范化,具有合理的装配顺序。

⑥维护实训车间卫生。

七、作业布置

请试述如果自动转床的导轨与分度盘不垂直,加工后产品会有何种缺陷?

八、任务记录表

请根据表 6-26 对任务完成情况打分。

表 6-26　自动转床进给机构的装配与调整

姓名		班级		操作时间	
序号	检测内容	配分	评分要求	数值记录	备注
1	分析图纸及任务书、根据图纸及任务书准备工量具。	5	不符合要求每处扣 0.5~5 分		
2	工量具、零部件等放置有序	5	不符合要求每处扣 0.5~5 分		
3	根据图纸清点零件,并对零件进行清选、清理	5	不符合要求每处扣 0.5~5 分		
4	导轨与底板基准面的平行度	10	≤0.01,超差不得分		
5	两导轨的平等度	10	≤0.01,超差不得分		
6	圆柱凸轮轴两轴承座的等高	10	≤0.05,超差不得分		
7	圆柱凸轮轴与导轨的平行度	15	≤0.05,超差不得分		
8	钻夹头轴向窜动	10	≤0.02 超差不得分		
9	钻夹头径向跳动	10	≤0.02,超差不得分		
10	钻夹头与分度盘的垂直度	10	≤0.05,超差不得分		
11	安全文明生产	10	符合 7S 车间管理要求		

教师签名_____　　学生签名_____

6.14 THMDZP-2 型自动打标机与齿轮齿条连杆机构的装调

一、任务引入

自动打标模块与齿轮齿条连杆链接组合成为一个连贯的机械自动化机构,提高了机械传动效率,实现机械的自动话。其将旋转运动转换成为了直线运动,由于有齿轮齿条传动,更加可靠地解决了运动方向改变的问题。

齿轮齿条连杆机构由可调圆盘、链接杆、轴、轴承、轴承座、齿条、齿轮和摆杆组成。

打标机由电机、齿轮、离合器、曲轴、轴瓦、导轨、球头杆、刹车套等零件组成。根据自动打标机与齿轮齿条连杆机构部装图(资源库-附图六)、提供的零部件及以下具体检测项目和要求,选择合理的装配工艺,正确使用相关工、量具,完成动打标机与齿轮齿条连杆机构的装配与调整。

二、任务要求

(1)两直线导轨的平行度安装与调整

(2)齿轮齿条的安装与调整

(3)摇杆的运动曲线调节摇杆与离合器控制杆的连接的调整

(4)离合器的调整

(5)刹车套的张紧调整

(6)打标头与料盘的平行与物料的垂直度的调整

三、任务目的

通过本任务了解自动打标机与齿轮齿条连杆机构的工作过程、齿轮齿条连杆机构的工作原理以及自动打标机的工作方式,学会调整可调圆盘的间距,知道齿轮齿条的安装和调整方式。

四、相关知识链接

自动打标模块(图 6-23)与齿轮齿条连杆机构(图 6-22)通过万向联轴器带动可调圆盘、调节杆、齿条、齿轮、摇杆机构运动以及离合器控制杆,实现冲床打标。

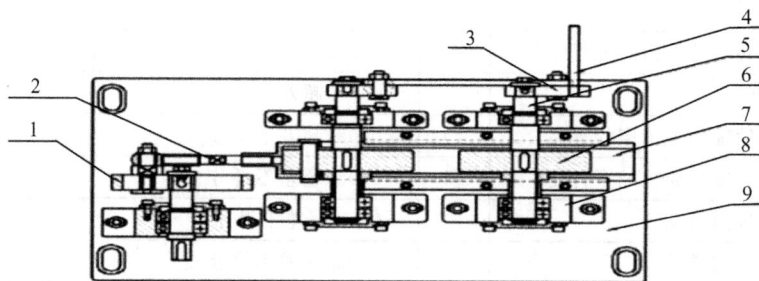

1—可调圆盘 2—左旋右旋调节杆 3—摇杆机构杆 4—拨动杆

5—轴 6—齿轮 7—齿条 8—轴承座 9-底板

图 6-22 齿轮齿条连杆机构

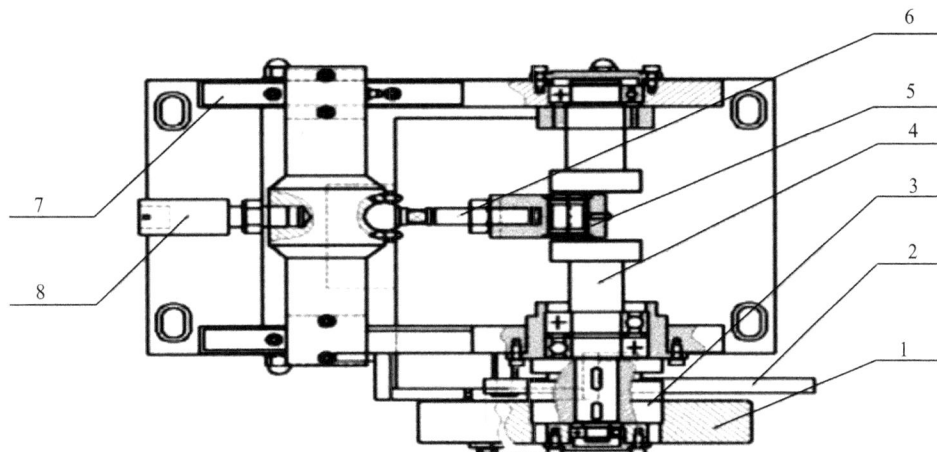

1—齿轮　2—离合器杆　3—离合器　4—曲轴　5—轴瓦　6—球头杆　7—平行导轨　8—冲头

图 6-23　自动打标机模块

自动打标机与齿轮齿条连杆机构在装配过程中有不同的位置和精度要求，在装配过程中需要调整它们的位置精度和形位误差以达到生产水平的要求。

五、任务实施

(1)装配前的准备工作内容较多，首先读懂自动打标机与齿轮齿条连杆机构的装配图，理解装配的装配技术要求，了解零件之间的配合关系。检查零件的精度，特别检查配合要求较高的零件是否达到加工要求。按装要求配齐所有零件，根据装配要求选用装配时所必需的工具。

(2)安装时需从下往上一步一步，先难后易安装，需安装齿条的定位装置，限制齿条的窜动，在安装齿轮时应调节齿轮与齿条的间隙。

(3)安装万向节轴上的可调圆盘时先调整好圆盘上的距离后，用调节杆连接齿条与可调圆盘。可调杆一端为左旋螺纹而一端为右旋螺纹。拧动可调杆可以使齿条与圆盘的距离同时增大或减小。

(4)安装摇杆机构后调整合适的位置，并安装拨动杆。

(5)安装自动打标模块时，先安装电机到侧板上，在将两定位杆与左右侧板连接起来。

(6)安装平行导轨时，以侧板的基准面用量具测量平行导轨的平行度，然后从一端到另外一端固定导轨。再用这根导轨为基准用量具测量第二根导轨的平行度，使两个导轨平行。

(7)安装曲轴时，注意轴承套内角接触轴承的安装方式，选择好对应的隔环，调整好角接触轴承的游隙。

(8)安装曲轴限位套后使曲轴旋转时，不能产生相对移动，应事先调节限位套的张紧。

(9)安装离合器时应调整六角凸轮的位置，使曲轴调整到最远。

(10)安装轴瓦和球头调节杆与打标头时需调整标头到物料的距离，旋转球头杆使其处于合适的位置。

(11)调整打标头与料盘的平行度然后固定好自动打标机。

(12)调整摇杆与离合器抬杆的高度，使摇杆转动一次正好在最高点抬起离合器抬杆，使离合器合上。

六、提示

(1)安装曲轴应注意轴承套内角接触轴承的安装方式,选择好对应的隔环,调整角接触轴承的游隙。

(2)安装曲轴限位套后使曲轴旋转时,不能产生相对移动,应事先调节限位套的张紧。

(3)安装离合器时候调整六角凸轮的位置,使曲轴调整到最远。

(4)在装配的过程中需注意以下几点:

①遵守实训场地的规章制度。

②正确使用工量具。

③工量具及零件摆放整齐。

④装配轴承时规范装配,不能盲目敲打。

⑤装配规范化,具有合理的装配顺序。

⑥维护实训车间卫生。

七、作业布置

试述齿轮齿条传动的安装要点。

八、任务记录表

请根据表 6-27 对任务完成情况打分。

表 6-27 自动打标机与齿轮齿条连杆机构的装调

姓名		班级		操作时间	
序号	检测内容	配分	评分要求	数值记录	备注
1	分析图纸及任务书、根据图纸及任务书准备工量具。	5	不符合要求每处扣 0.5~5 分		
2	工量具、零部件等放置有序	5	不符合要求每处扣 0.5~5 分		
3	齿轮安装	15	应运转平稳,灵活		
4	齿条安装	10	应运转平稳,灵活		
5	曲轴安装	20	应运转平稳,灵活		
6	超越离合器安装	10	完整、清晰		
7	平行导轨安装	15	≤0.01,超差不得分		
8	轮齿条连杆机构调试	10	应运转平稳,灵活		
9	自动打标机模块调试	10	应运转平稳,灵活		
10	安全文明生产	10	符合 7S 车间管理要求		

教师签名＿＿＿＿＿＿＿＿＿＿＿ 学生签名＿＿＿＿＿＿＿＿＿＿＿

6.15 THMDZP-2 型机械设备的调试、运行及试加工

一、任务引入

根据总装图(资源库-附图一)、提供的零部件及以下具体检测项目要求,选择合理的装

配工艺,正确使用相关工、量具完成机械装配技能设备的装配与调整工作,并通电调试运行机械设备以达到预期效果。

二、任务要求

(1)装配调整总装图(资源库-附图一)上的小带轮(7)和大带轮(31)端面共面,共面度允差≤0.08mm,并调整两根三角带适宜的张紧度,装配方法正确,无松动、无跳动等现象。

(2)调整自动钻床进给机构(12)与工作台转盘(7)的配合要求,符合设备的工作原理要求,并修配控制电磁离合器用凸轮(20)使电磁离合器控制工作台准确分度。

(3)调整齿轮齿条传动机构(30)连杆上摆动杆的高度位置使自动打标机(31)实现一次打标的动作,并调整与工作台转盘(7)的配合符合设备的工作原理。

(4)调整好设备后试加工工件,加工过程必须保证在一个运动加工周期内(及要求加工4个工件)。

三、任务目的

(1)通过本任务能够读懂"机械装配技能综合实训平台"整体部件的装配图,了解各个零件之间的装配关系以及解各个模块之间的动作过程和功能。

(2)理解图纸中的技术要求,根据技术要求进行零部件的安装和调整。

(3)正确掌握各个模块的调整方法和调整步骤。

(4)正确使用工具、量具。

(5)学会会安装各个模块,并达到使用要求。

四、相关知识链接

"机械装配技能综合实训平台"的装配与调试主要有以下几个要点:

(1)装配前的准备工作内容较多,首先读懂整体与分部模块的装配图,理解整体设备与分部模块的装配技术要求,了解零件、模块之间的配合关系。检查零件的精度,特别是对配合要求较高部位的零件,是否达到加工要求。按装配要求配齐所有零件,根据装配要求选用装配时所必需的工具。

(2)按照模块进行安装,将各个模块安装完成后固定在实训平台上。

(3)各个模块固定后,对各个模块进行线路连接。

(4)线路连接后进行试运行,观察线路是否正常,各个零件、模块之间配合运动是否顺畅,有无卡阻现象。

五、任务准备

(1)检查技术文件、图纸和零件的完备情况。

(2)根据装配图纸和技术要求,确定装配任务和装配工艺。

(3)根据装配任务和装配工艺,选择合适的工、量具,工、量具摆放整齐,装配前量具应校正。

(4)对装配的零部件进行清理、清洗,去掉零部件上的毛刺、铁锈、切削、油污等。

六、任务实施

装配前先思考,按后拆的先装,先拆的后装的原则(表6-28)。

表 6-28　机械设备的调试、运行及试加工的任务实施

步　骤	示意图	说　明
第一步: 清理安装面		安装前务必用油石和棉布等清除安装面上的加工毛刺及污物
第二步: 变速动力箱模块的安装与调整		将变速动力箱模块整体固定在实训平台上面。装配调整总装图(附图一)上的小带轮(7)和大带轮(31)端面共面,共面度允差≤0.08mm,并调整两根三角带适宜的张紧度,装配方法正确,无松动、无跳动等现象。
第三步: 电磁离合器与精密分头与自动转床进给机构的安装与调整		将电磁离合器与精密分度头模块整体固定在实训平台上面。
		将自动转床进给机构整体固定在实训平台上面调整自动转床进给机构(12)与工作台转盘(7)的配合要求,符合设备的工作原理要求。

续表 6-28

第四步： 锥齿轮机构的 安装与调整		将锥齿轮机构模块按照模块装配图装配完成将锥齿轮机构整体固定在实训平台上面。
第五步： 齿轮齿条与连杆机构与打标机构的安装		调整齿轮齿条传动机构(30)连杆上摆动杆的高度位置使自动打标机(31)实现一次打标的动作,并调整与工作台转盘(7)的配合符合设备的工作原理。
第七步： 机械装配技能综合实训平台整体的调整		1.调整各个模块之间的配合间隙使之运转顺畅,无卡阻现象。 2.实现合格产品的输出。

七、提示

机械装配技能综合实训平台整体安装后,必须调整各个模块之间的传动间距,各个模块之间的工作间歇时间要精确配合,调整各个模块的底板可以调整它们的相对位置,调整点有调整轴承座、凸轮、调速器、齿轮间隙、打标头、钻夹头、蜗轮蜗杆、齿轮齿条连杆等,通过调整以上各个点,实现各个模块的相互运动及产品的输出。

通电试车前必须检查所有的环节,包括钻夹头上的钻头是否超出行程范围,钻夹头与分度盘的配合间歇时间,电磁离合器的间隙是否合适,轴承座是否等高,分度盘的分度是否到位,打标头的行程及调整,齿轮之间的间隙调整,分度盘上的工件位置与钻夹头、打标头的相对位置是否垂直。

开机前必须有老师在场,在老师同意的情况下实施操作。

第7章　港口机械设备

港口是国家最宝贵的资源和交通运输业的重要组成部分,在国民经济尤其是国家对外贸易经济中,发挥着极为重要的作用。港口作为一个国家对外开放的门户和水陆交通运输枢纽,其设施的水准、生产规模、机械化和专业化程度等综合素质,可从特定角度折射出其国家的现代化水平。

港口机械设备,指用于港口货物装卸(含过驳)、仓储、拆拼箱、集装箱堆放等港口活动的机械设备,主要有门式起重机、卸船机、带式输送机等。改革开放以来我的内外贸易蓬勃发展,至2014年,我国的进出口贸易总量已经跃居全球第一,庞大的运输规模带动港口作业快速向机械化方向发展。目前我国的舟山、大连、天津、青岛、上海、连云港、厦门、泉州、福州等各沿海城主要港口均已实现机械化。随着我国经济的不断发展和全球化水平的不断提升,港口机械的发展将迎来一个更为广阔的天地。

7.1　港口机械设备介绍

7.1.1　门式起重机

门式起重机是桥式起重机的一种变形,又叫龙门吊(图7-1)。主要用于室外的货场、料场货、散货的装卸作业。它的金属结构像门形框架,承载主梁下安装有两条支脚,可以直接在地面的轨道上行走,主梁两端可以有外伸悬臂梁。门式起重机具有场地利用率高、作业范围大、适应面广、通用性强等特点,在港口货场得到广泛使用(图7-2)。

港口使用的门式起重机按用途分主要有普通门式起重机和集装箱门式起重机两种。普通门式起重机多采用箱型式和桁架式结构,用途最为广泛,可以搬运各种成件物品和散状物料,起重量100t以下,跨度4～39m。普通门式起重机主要是指吊钩、抓斗、电磁、葫芦门式起重机,同时也包括半门式起重机。集装箱门式起重机用于集装箱码头,拖挂车从船上卸下集装箱运到堆场或后方后,由集装箱龙门起重机堆码起来或直接装车运走,加快了集装箱运载桥或其他起重机的周转。在可堆高3～4层、宽6排的集装箱堆场,一般用轮胎式集装箱门式起重机,也有用有轨式的。集装箱龙门起重机与集装箱跨车相比,其跨度和门架两侧的高度都较大。为了适应港口码头的运输需要,这种起重机的工作级别较高,起升速度为8～10m/min,跨度根据需要跨越的集装箱排数来决定,最大为60m左右。和20m、30m、40m长的集装箱相对应的起重量分别约为20t、25t和30t。

门式起重机主要由六个部分组成:

图 7-1　门式起重机

一、大车行走机构

大车行走机构由四个主动轮箱组成,主动轮箱内装有主动行走轮和被动行走轮各一个,轮箱外部装有减速机。机构工作时,由制动电机带动减速机,通过主动轮轴把动力传递给主动轮,从而带动大车沿轨道行驶。停车时制动电机上的刹车盘复位,可确保即刻刹车。

二、支腿部分

支腿部分由刚性支腿和柔性支腿组成,各接点由高强度螺栓连接,安装方便、快捷且连接牢固。支腿联结有一排爬梯和一个斜梯,操作人员可以利用爬梯或斜梯进入操作室,再由垂直爬梯到达行走台。

三、操作室及电器控制

操作室由操作室本体和电控箱组成,操作室本体由钢板焊接而成,由型钢支撑安装于刚性腿主副支腿中间。操作室前边和两侧装有视野开阔的玻璃窗,透过视窗可以观察场内的全部工作情况。电控箱独立安装于操作室外部,由控制电缆与手操柄连接,手操柄在操作室内。起重机工作时,操作人员在操作室内,通过手操柄上的按钮,控制起重机的全部动作。

四、主梁总成

主梁总成由主纵梁、联系框架等组成,主纵梁为双幅三角形蜂窝梁,由钢板和型钢焊接而成,梁与梁中间用钢销连接,梁的上部装有供起吊小车行走用的钢轨,双幅主梁通过螺栓与联系框架联结成为一个整体。

五、梯台总成

为便于门吊的保养和维修,在主纵梁一侧,装有供检修人员用的行走台,行走台两侧分别设有防护栏,工作人员可通过爬梯到人行走台上,对机件进行维修保养。

六、起吊小车

起吊小车由车架、小车行走机构、卷扬机和滑轮组组成。车架是起吊小车的承重机构,由起吊小车主梁与横梁焊接而成。车架装有小车走行机构,其由两个主动轮箱组成,每个轮箱内装有一个主动行走轮和一个被动行走轮。轮箱的外侧装有摆线针轮减速机,其结构与工作原理与大车行走机构相同。

图 7-2　门式起重机作业图

7.1.2　卸船机

卸船机是利用连续输送机械制成能提升散粒物料的机头,或兼有自行取料能力,配以取料、喂料装置,将散粒物料连续不断提出船舱,卸载到臂架或机架并运至岸边的专用机械。使用卸船机可大大提高卸货效率,其在大型散料码头上得到了广泛的应用。

卸船机的种类较多,主要可分为连续卸船机和非连续卸船机,在非连续卸船机中主要有抓斗门式起重机、抓斗岸桥等,在连续卸船机中主要包括链斗卸船机、夹皮带卸船机、螺旋卸船机、斗轮卸船机等。

下面对常见的斗式卸船机做简要的介绍:

一、非连续抓斗式卸船机

抓斗式卸船机(图 7-3)以其工作可靠、对船型及物料适应性强、使用时间较长、使用经验丰富等原因,成为目前使用最多的一种机型。但抓斗式卸船机有一个根本性的缺点,即每一个工作循环中,各机械机构是间歇运动的,因此其最大速度受到限制。在工作中只有一个单程是用来抓取输送物料的,而空斗返回行程是无效的,使得能耗较大。此外抓斗式卸船机开斗卸货时粉尘较大,环境污染严重。

二、链斗式卸船机

链斗式卸船机是近些年迅速发展起来的一种连续卸船设备,德国、日本以及我国都已经可以生产这种类型的设备。

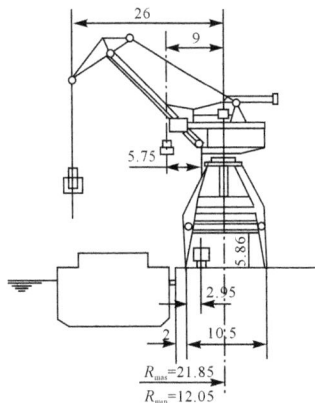

图 7-3　抓斗式卸船机

我国目前生产的链斗式卸船机有两种形式(图 7-4(a)),一种是悬链式,适用于甲板驳,其取料段是悬垂的,没有刚性支撑,落在舱面上作业的料斗在船舶颠簸时,可以随着舱面上下浮动,因此料斗可以紧贴舱面工作,具有清仓能力。

另一种是"L"形链斗卸船机(图 7-4(b)),链斗把物料挖出,并提升到顶上,通过螺线漏斗卸料器将物料卸在臂架带式输送机上并运送到后方。"L"形的取料头可以旋转,还可以俯仰及旋转,通过自动控制,可以保证取料头按一定路线移动。

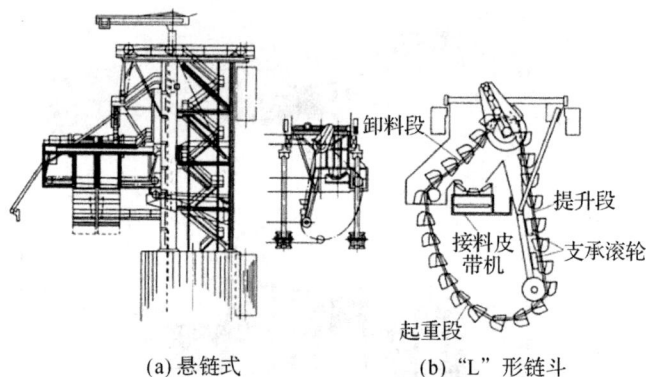

(a) 悬链式　　　　　　　(b) "L"形链斗

图 7-4　链斗式卸船机

　　一般装船机由臂架皮带机、过渡皮带机、伸缩溜筒、尾车、走行装置、门架、塔架、俯仰装置、回转装置等组成。

7.1.3　带式输送机

　　带式输送机(图 7-3)是散状物料的主要运输工具之一,它已有近 200 年的历史,早期的输送带由皮革类的材料组成,19 世纪末出现的槽型结构的带式输送机,确定了现代带式输送机的基本型式。带式输送机是理想的连续高效运输设备,与其他运输设备相比,不仅具有长距离、大运量、连续输送等优点,而且运行可靠、易于实现自动化和自动控制。其在运行时阻力小、耗电量低、运行平稳、运途中对物料的破碎性小,因此被广泛应用于港口、冶金、矿山、粮食、化工等领域。

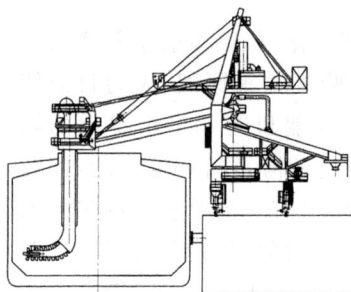

图 7-5　带式输送机

　　根据带式输送机的构造不同,可以分为:

一、U 形带式输送机

　　它又称为槽形带式输送机,其明显特点是将普通带式输送机的槽形托辊角由 $30°\sim45°$ 提高到 $90°$,使输送带成"U"形。这样输送带与物料间产生挤压,使得物料对胶带的摩擦力增大,让输送机的运输倾角可以达到 $25°$。

二、管形带式输送机

　　U 形输送带进一步成槽,形成一个圆管状,即管形带式输送机。因为输送带被卷成一个圆管,故可以实现物料的闭密输送,可明显减轻粉状物料对环境的污染,并可以实现弯曲运行。

三、气垫式带输送机

其输送带不是运行在托辊上,而是在空气膜(气垫)上运行的。这样就省去了托辊,用固定的带有气孔的气室盘形槽和气室取代了运行的托辊。运动部件减少,使得总等效质量减少,同时减小阻力提高效率,并且运行平稳,可提高带速。但其运送的物料块度一般不超过300mm。除了用托辊把输送带强压成槽形增大物流断面外,也可以把输送带的运载面做成垂直边并带有横隔板的。一般把垂直侧挡边做成波状,故称为波状带式输送机,这种机型适用于倾角在30°以上的大倾角工况,倾角最大可达90°。

四、压带式带输送机

它用一条辅助带对物料施加压力,这种输送机的主要优点是其输送物料的最大倾角可达90°,运行速度可达6m/s,并且输送能力不随倾角的变化而变化,可实现松散物料和有毒物料的密闭输送。但是它结构复杂、输送带的磨损和能耗较大。

五、钢绳牵引带式输送机

它是钢绳运输与带式运输相结合的产物,既具有钢绳的高强度、牵引灵活的特点,又具有带式运输的连续、柔性的优点(图7-6)。

带式输送机主要包括以下几个部分:输送带(通常称为胶带)、托辊及中间架、滚筒拉紧装置、制动装置、清扫装置和卸料装置等。带动输送带转动的滚筒称为驱动滚筒(传动滚筒),而另一个仅用于改变输送带运动方向的滚筒称为改向滚筒。驱动滚筒由电动机通过减速器带动,它依靠和输送带之间的摩擦力拖动输送带。驱动滚筒一般都装在卸料端,以增大牵引力,利于拖动。物料由喂料端喂入,落在转动的输送带上,依靠输送带的摩擦带动被运送到卸料端卸出。

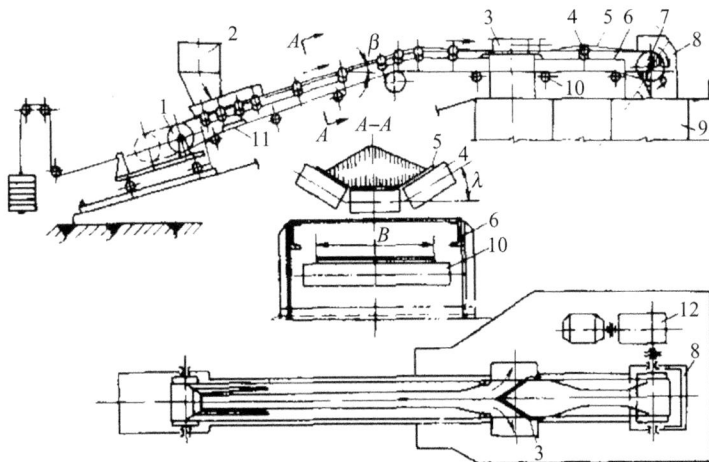

1—张紧装置　2—装料装置　3—型形卸料器　4—槽形托辊　5—输送带　6—机架

7—动滚筒　8—卸料器　9—清扫装置　10—平行托辊　11—空段清扫器　12—清扫器

图 7-6　钢绳牵引带式输送机

7.1.4　港口机械的发展方向

一、自动化和智能化

自动化和智能化技术是机电一体的高新技术，以其安全、准确、高效、高技术含量在港口物流中发挥巨大的作用。目前，PLC(可编程逻辑控制器)技术、液压技术等已被广泛用于港口机械的驱动和控制系统。变频调速已成为交流传动系统调速的主导。自动防摇和精确定位技术也以被应用在集装箱吊具上。自动化和智能化技术在计算机的支持下将协同工作，这项技术将在港口中普遍应用，使港口向现场作业无人化方向发展。

二、大型化和高效化

由于市场的需求，港口开始配置起重量大、工作效率高的装卸机械。目前，浮吊的最大起重量已达到8800t，龙门起重机的最大起重量可达3500t，世界发达港口的矿石和煤炭装船单机台时效率分别已达 1.6×10^4t 和 1×10^4t，卸船效率为6000t 和5400t，集装箱装卸桥台时效率达60箱，同时更加大型化和高效化的设备正在研制中。

三、专业化和多用化

为提高装卸效率，各国港口为适应各货种流向和船型的需要，建造了越来越多的专业化码头。如煤炭、汕品、集装箱、矿石等货类专用码头，并配备了与之适应的专业化设备。为适应生产布局不断变化和货种、货流不稳定等状况，出现了建造多用途码头的趋势和对与之相匹配的装卸机械的需求。

四、标准化和系列化

为提高港口机械制造水平、降低生产成本、方便维修和保养，港口装卸机械生产正向标准化、系列化方向发展。如我国的岸边集装箱起重机是发展速度最快、技术水平最高、出口最多的港机产品，目前已成系列。

五、环保化

随着人类社会的不断进步，不论发达国家还是发展中国家都越来越重视环保问题，环保型装卸机械越来越受到人们的青睐，"绿色"已成为港口机械发展的潮流。低能耗、噪音小的产品是未来港口的最佳选择。

7.2　常用港口机械设备机构的调修

减速机是港口机械设备中的重要部件，它应用广、耗量大，如果对已经发生故障的减速机不及时修理，会严重影响生产。并且不修复损坏的减速机也是很不经济的。在港口机械中使用最多的是圆柱齿轮减速机。

一、减速机检修的一般原则

(1)对大型减速机必须制定和严格执行减速机机修规程。

(2)要定期检查修理，检查主要是感官检查，不要轻易大拆大卸，应安排专人检修，制定严格的检修制度和手续，做好检修记录。

（3）要严格保证润滑油各种性能指标和特殊要求，检查时应化验、过滤、分析，评定润滑油的性能。

（4）要换配件时，应对配件进行检查，确认合格后再按原装配要求进行装配。

（5）在检修装配时，要按原有的标记装配和安装，并保证零部件间原来的相互位置关系和精密度，如齿轮的接触面、减速机纵横和水平度和联轴器的同轴度等。

（6）减速机检修时，要进行跑合试运转，检查合格再投入生产。

二、减速机常见故障

（1）主要零件损坏

如齿轮、轴等重要零件的损坏。

（2）噪音

有经验检修人员可以凭减速机发出的声音不同、音量的高低、声音的长短、声音的规律等判断故障的部位、类型及严重程度。

（3）减速机的振动

产生振动的原因很多，主要原因是减速机与其相连轴之间的同轴度误差、减速机的刚性不好以及地脚螺栓的松动等。齿轮的制造精度和装配精度也与振动有密切相关。

（4）减速机发热

产生发热的原因有轴承损坏、零件装配不当、更换件不合格、润滑油不合格以及减速机承载能力不足等。

（5）漏油

齿轮传动中摩擦生热、油温上升、箱内油压增大、油液变稀等容易导致渗漏。密封不好、箱体产生变形结构设计不当等会导致漏油。

三、齿轮的损坏形式

（1）断齿

主要由于操作不当引起撞击，产生过大的荷载而造成的。材料淬火和疲劳引起微小裂纹逐渐扩大也是断齿的原因。

（2）齿面接触不良

齿轮在啮合过程中，齿面不能沿齿长和齿高方向达到规定的良好接触，将使齿面局部磨损加速并造成事故性破坏。产生原因是因为两齿轮啮合中心距或两轴平行度超差或是齿轮制造的误差过大。

（3）齿面磨损

一种齿面磨损是指长期正常磨损超过一定限量，另一种是指非正常磨损造成的损坏。包括黏附磨损、磨料磨损和腐蚀磨损，产生原因主要是因为齿部硬度不合要求、负荷过大及润滑油不合要求。

（4）齿面点蚀

齿面出现点蚀是由于材料疲劳、齿面粗糙、润滑油不清等原因引起的。

（5）齿面塑性变形

齿面淬火硬度不均匀（或未进行淬火）使软体面部位发生永久变形，形成凹凸不平的齿面或造成齿形歪斜。

四、齿轮检修方法

齿轮在使用中产生的各种损坏现象应如何处理需根据具体情况而定,大多数齿轮损坏后都不采用修理修复而是控制一定的极限标准,超过标准则更换新齿轮。对于未超过报废标准的齿轮,可以用刮刀或油石清除齿面的毛刺,重新换用新润滑油等以达到减缓磨损的目的。更换的标准按减速机的用途技术标准确定。一般损坏的小齿轮都进行更换,对于圆周速度超过 8m/s 或斜齿轮应成对更换。对于大模板、大型的齿轮应修换结合,大模板齿轮局部断齿,可用气焊进行堆焊后经回火再加工出准确的齿形,大型齿轮磨损后,采用变位法修理可得到比较好的效果。修复时采取高变位,将大齿轮外圆车去一层,再重新加工出齿形。对于齿轮的齿部损坏,除采用变位法修复后可长期使用外,其他方法只能短时间应付,并且在使用的头几天还要特别注意观察。

五、滚动轴承检修方法

在减速机中主要采用滚动轴承,轴承的工作状态好坏直接影响到减速机的性能、寿命以及动力消耗。滚动轴承在运行中出现的故障有:

(1)温度过高

轴承的正常工作温度为不高于周围环境温度 20℃,最高温度一般不允许超过环境温度 35℃(环境温度定为 40℃)。当轴承外壳烫手,说明温度超标,应拆开检查。引起发热的原因主要是轴承内不清洁、缺油、油质不合规定、装配不当、超载以及轴承损坏等。

(2)杂音

杂音可以通过听诊法检查,其主要原因是润滑不良或轴承局部损坏。

(3)损坏

滚动轴承的损坏有疲劳剥落、磨损、烧伤、腐蚀和破裂等几种,产生的原因主要是润滑油脂不合规定、肮脏、缺油、间隙不适当、配合过紧或过松、轴承规格选择不当或载荷过大。

滚动轴承的检修工作主要有检查、调整和更换。轴承是否需要更换,首先要弄清故障原因、损坏程度以及对使用的影响,再根据具体情况确定处理措施。轴承升温过高、杂音大时应及时停机检查处理,发现轴承破坏、严重烧伤变色、内外圈有裂纹等必须更换。对于一般要求的设备,轴承虽有损伤,但在不影响运行要求的情况下可继续使用。对于大、中型减速机,检修拆装一次并不方便,因此在检修时遇明显损伤,可换可不换的,应予以更换。

滚动轴承的滚动体和内外圈之间有一定的间隙,间隙过大容易产生振动和噪音,但间隙过小又容易引起剧烈发热和磨损,两者都将使轴承的寿命缩短。滚动轴承的间隙分为可调不可调两种。间隙不可调整轴承(如向心球轴承)的间隙在制造时已给予保证,但会因使用条件不同,受热膨胀,产生轴向移动,使轴承间隙减小,甚至将滚动体卡死。所以此类轴承在装配时,轴一端的轴承固定,另一端的轴承与端盖间留一定的轴向间隙,其值一般在0.25~0.5mm 之间(高温环境除外)。间隙可调整轴承(如圆锥滚子轴承)在装配时不允许在外圆端面留间隙,保证轴正常运转所需要的间隙调整到位后进行固定。在检修中调整这类轴承补偿因磨损所引起的间隙,如增大使轴承间隙就能保持正常的需用值。由于此类轴承的轴向间隙与径向间隙存在着正比关系,所以调整时只调整它们的轴向间隙。通过调整轴承内圈的相对位置,来达到调整间隙的目的,间隙的数值可查阅有关资料。调整间隙的方法根据调整的结构不同而不同,常见的有垫片调整法、螺钉调整法、内外套调整法等。以垫片调整法为例,在不加垫片的情况下,拧紧轴承端盖与轴承座间的距离,此距离值加上间隙值既为所需垫片的厚度,即装配加入此组厚度的垫片,轴承便能得到所需的轴向间隙。

六、轴的修理

轴的损坏方式有轴径磨损、轴变形弯曲和裂纹,其主要的损坏形式是轴径磨损。当轴径的磨损量小于 0.2mm 时,可用镀铬修复,镀铬磨削至需要尺寸。也可以使用喷涂法修复损坏,若轴径磨损严重可在磨损表面堆焊一层金属后按图纸要求进行加工,轴上若发现裂纹应及时更换。

七、减速机漏油的修理

减速机漏油是一个比较普遍的故障现象,它影响设备的正常润滑、污染环境、影响安全而且浪费材料,解决减速机漏油的方法是均压畅流和堵漏。由于减速机在运行时会发热升温,使箱内压力增高,箱内外形成压力差,使飞溅的油液更容易从密封不严处泄漏,所以在减速机盖的最高处应设有通气孔,使箱内外压力一致。同时使飞溅在箱壳内壁上的油液顺畅、快速地流回油池,不要在密封处存留,以防渗漏,可在箱壳内壁上加工回油槽实现。均压和畅流都是在设计有缺陷时采用时改进措施。堵漏是检修中处理漏油的主要工作,它包括箱体接合面漏油的处理、轴端漏油的处理以及重新更换密封件等,堵漏时使用毛毡周边要均、整齐,比槽高2mm 为宜,毛毡要在机油中先浸泡 24 小时后再进行使用。若壳体发现裂纹,应及时更换。

八、减速机检修后的验收

经检查认定装配工作符合要求、安全可靠之后可进行运转试验,一般空负荷试验转速为1000r/min,正反两个方向各转动不得少于 10min。在试验中,除应达到所要求的接触面积时,还应达到下列要求:

(1)开动电机时:没有跳动、撞击。

(2)无剧烈或断续的噪音,响声应均匀。

(3)无漏油现象,紧固连接处无松动,润滑油升温不应超过规定值。

经跑合试验合格后需开机放油,对全部零件进行重新清洗检查,若无超标缺陷既为合格,另加新油后可交付使用。

7.3 减速器的拆装练习

一、请按表 7-1 所示步骤进行减速器的拆装练习

表 7-1 减速器的拆装练习步骤

步　　骤	示　意　图
1. 清理	
2. 拆去轴承端盖	

续表 7-1

步　骤	示意图
3. 移去上盖	
4. 拆除上盖部装	
5. 观察齿轮啮合旋转	
6. 拆卸输入轴部装	
7. 拆卸中间轴部装	
8. 拆卸底座部装	
9. 装配输出轴部装	

步　骤	示意图
10. 装配中间轴部装	
11. 装配输入轴部装	
12. 安装各轴	
13. 观察齿轮啮合旋转	
14. 安装上盖部装	
15. 安装轴承端盖	
16. 安装连接螺栓	

二、减速器拆装时的要点

(1)输入轴,输出轴及传动轴弯曲度<0.02mm/m,不圆度<0.01mm。

(2)斜齿轮啮合面应>70%齿长,且>40%齿高。

(3)齿轮面磨损超过1mm必须修整,磨损>2mm必须更换(且须成对更换),齿面疲劳剥落损伤应<10%。

(4)各轴承外圈与减速箱的间隙应为0.005~0.025mm,轴承内圈与轴负公差为0.005~0.025mm,轴承径向间隙应为0.12~0.16mm。

(5)更换轴承时,必须用热套工艺,油温为90℃~110℃,耦合器或刚性联轴节的安装一般用丝杆顶进,严禁用大锤敲击。

(6)减速箱各油封应完整无损伤、老化、龟裂现象,与轴配合尺寸一般为0~0.2mm,否则更换新备件。

(7)高速轴伞齿轮,啮合间隙在0.1~0.15mm。

(8)一般情况下,减速箱调整的轴向传动间隙为:

低速轴为0.15~0.2mm。

中速轴为0.2~0.25mm。

高速轴为0.1~0.15mm。

(9)减速箱各接合面应平整,组装后无泄漏现象,联轴节或偶合器中心调整误差小于0.1mm。

(10)减速箱组装完好后手盘高速轴,应转支灵活自如,无卡涩和异响。

想一想

1. 港口机械主要有哪几类,请你谈谈港口机械的发展方向。
2. 你见过舟山有哪些港口机械,请举例。

附　　录

模拟题一

任 务 书

一、装配前的准备工作(5分)

1. 分析图纸及任务书、根据图纸及任务书准备工量具。

2. 工量具、零部件等放置有序。

3. 根据图纸清点零件,并对零件进行清选、清理。

二、部件的装配与调试(47分)

1. 分度头模块

1)完成精密分度头模块的装配与调试。

2)装配过程中装配工艺合理、装配方法正确。

3)装配调试后需达到如下要求:

(1)调整蜗杆轴(22)的轴向窜动≤0.02mm(1分),测量法兰盘1(50)与法兰盘2(53)的径向跳动误差(2分)。

(2)调整牙嵌式电磁离合器离(51)的的等高≤0.02mm(2分),平等≤0.02mm(2分)两部分脱开后间隙调整到0.4～0.5mm(1分)。

(3)调整斜齿轮2(64)与斜齿轮1(65)之间的齿侧间隙0.03～0.08mm(1分),用红丹粉检测接触精度并画图。

(4)装配调整好的分度头模块牙嵌式电磁离合器离(51)离、合顺畅自如,无联动或离合跳齿现象。

(5)装配调整好的分度头模块工作台转盘(7)转动自如。

2. 自动钻床进给机构

1)完成自动钻床进给机构的装配与调试。

2)装配过程中装配工艺合理、装配方法正确。

3)装配调试后需达到如下要求:

(1)导轨、滑块(31)与自动钻床进给机构用底板(30)基准面A的平行度≤0.01mm;两直线导轨之间的平行度≤0.01mm(2分)。

(2)用轴承座调试芯棒调整圆柱凸轮(24)两端轴承座的等高度≤0.04mm,圆柱凸轮(24)轴线与两导轨的对称度≤0.04mm,圆柱凸轮(24)轴线与两导轨的平行度≤0.04mm(4分),测量圆柱凸轮轴与导轨的平行度≤0.04mm与对称度≤0.1mm(2分),测量方法不正确不得分。

(3)修配盘形凸轮部,凸轮两处端部锉削圆角 R2—R4 之间(2 分),配合精度 0.03×3 处(1.5×3)。

(4)测量燕尾导轨并列出计算公式与结果(4 分),根据分度精度的要求,连续不断运转两周,定位精度不得超过 0.10mm,塞铁的间隙 0.03 至 0.05 之间(1 分)。

(5)检测钻夹头(7)的轴向窜动允差≤0.02mm,径向跳动允差≤0.02mm。

问题:钻夹头径向跳动对钻孔的影响?

(6)调整导柱(19)与圆柱凸轮(24)的配合精度,使导柱(19)在圆柱凸轮槽中运动自如。

3. 自动打标机

调整自动打标机运转灵活,传动平稳。

1)调整离合器总成的六角凸轮位置使曲轴在最远端停止。

2)调整拨杆,在加工时,使拨杆拨一次,打标机完成一次打标动作。

4. 装配工艺编制及回答问题

1)根据装配图样及设备完成打标机曲轴组件装配工件卡的填写,见附表 2。

2)回答问题,见附表 3。

三、齿条齿轮机构装配(12 分)

测量齿轮与齿条的间隙≤0.5mm(1 分)×2 处,计算两轴承座的中心距并画出示意图(8 分×2)并写出装配工艺(8 分)。

四、总装配和试车(15 分)(三角带轮的工作面用画图表示)

1. 完成整个设备的装配与调试。

2. 装配工艺合理,装配方法正确。

3. 试车前的准备检查工作。

4. 传动的完整性。

5. 整体运动平稳,没有卡阻爬行现象,运行噪声低。

6. 装配调试后需达到如下要求:

1)调整小带轮(7)和大带轮(31)的端面共面允差≤0.1mm,调整两根三角带适宜的张紧度,并画出工作面示意图(1 分)。

2)调整钻夹头轴心线与工作台转盘(7)端面的垂直度允差≤0.06mm。

3)调整好设备后试加工工件,检验工件是否满足要求。

五、产品的加工(28 分)

利用装配调整好的机器完成产品的加工,必须在裁判的监督下完成一个完整的加工周期的连续 4 个工件的加工。

六、工量辅具的使用(2 分)

在装配过程中,工、量、辅具选择合理,使用方法正确。

七、安全文明生产(3 分)

1. 劳保用品穿戴整齐,规范。

2. 工、量、检具摆放整齐,规范。

3. 能遵守场地及其他设备、工具的安全文明生产要求。

4. 对废油、废弃物处理正确并符合环保等特殊要求。

八、评分记录表

项目	序号	内　　容	配分	评分要求	数值记录	备　注
一 准备 工 (5分)	1	分析图纸及任务书、根据图纸及任务书准备工量具。	2	不符合要求每处扣0.5~1分		
	2	工量具、零部件等放置有序	1	不符合要求每处扣0.5~1分		
	3	根据图纸清点零件,并对零件进行清选、清理	2	不符合要求每处扣0.5~1分		
二 部件 的装 配与 调整 (47分)	**1. 变速动力箱(6分)**					
	1	拆卸输出轴大齿轮(52)	1	没做不得分		
	2	测量输出轴大齿轮(52)的齿顶圆直径、齿根圆直径。	2	测量方法不对不得分		
	3	绘制输出轴大齿轮(52)零件草图。	3	完整、清晰		附表1
	2. 分度部件(13分)					
	1	调整蜗杆轴(22)的轴向窜动 ≤0.02mm。	1	超差不得分		
	2	电磁离合器两个法兰的径向跳动≤0.03mm;	2	方法不对或超差不得分		
	3	电磁离合器两个法兰端面跳动≤0.05mm。	2	超差不得分		
	4	调整牙嵌式电磁离合器(51)的同轴度≤0.04mm	2	方法不对或超差不得分		
	5	离合器左右两部分配合间隙 0.3mm≤x≤0.4mm	2	超差不得分		
	6	调整斜齿轮2(64)与斜齿轮1 (65)之间的齿侧间隙0.03mm ≤x≤0.08mm	1	超差不得分		
	7	蜗杆与蜗轮的接触情况	1	方法不对或接触不良不得分		
	8	分度盘与蜗轮轴同轴度≤ 0.03mm	2	方法不对或超差不得分		
	3. 二维部件及自动钻床进给机构(17分)					
	1	与基准面A平行度≤0.01mm	1	超差不得分		

续表

项目	序号	内　　容	配分	评分要求	数值记录	备　注
二 部件的装配与调整 （47分）	2	两导轨平行度≤0.01mm	1	超差不得分		
	3	两端轴承座内孔的等高度≤0.04mm	1	超差不得分		
	4	轴线与导轨对称度≤0.04mm	1	超差不得分		
	5	轴线与两导轨平行度≤0.04mm	1	超差不得分		
	6	凸轮端部锉削圆角 $R2 \leqslant R \leqslant R4$	2	超差不得分		
	7	修配盘形凸轮部，连续不断运转两周，定位精度不得超过0.10mm	8	超差不得分		
	8	钻头轴向窜动≤0.02mm；径向跳动≤0.02mm	2	超差不得分		
	4. 打标机部分（3分）					
	1	调整离合器总成的六角凸轮位置使曲轴在最远端停止	1	调整不到位不得分		
	2	拨杆拨一次，打标机完成一次打标动作	2	调整不到位不得分		
	5. 装配工艺编制（8分）					
	1	打标机曲轴组件的装配工艺	5	完整、规范、清晰		附表2
	2	问题	3	简明、扼要		附表3
三 总装配与试车 （15分）	1	小带轮和大带轮的端面共面允差≤0.3mm	2	超差不得分		
	2	两根三角带张紧度	1	张紧度不合适不得分		
	3	钻夹头轴心线与工作台转盘(7)端面的垂直度允差≤0.06mm	2	超差不得分		
	4	调整四个夹具，在偏心轮的死点位置使工件夹紧	2	调整不到位不得分		
	5	调整芯棒调整四个夹具的位置，使每个夹具在加工位置的分度允差≤0.04mm	6	方法不对或调整不到位不得分		
	6	试车操作程序正确，运行顺畅，无卡阻现象	2	装配不完整不允许试车加工		

项目	序号	内　　容	配分	评分要求	数值记录	备　注
四 产品 加工 (28分)	1	1个完整的加工周期,上交加工工件数量4个	4	按要求,每加工1个工件得2分		
	2	4个加工孔位置的一致性	8	每个孔位置度>0.05mm,扣2分		
	3	孔深>15mm	4	每孔深≤15mm,扣1分		
	4	孔径尺寸 $\varphi5$	4	每个孔径超差>0.10mm,扣1分		
	5	孔轴线与工件端面的垂直度	4	每个孔垂直度>0.05mm,扣1分		
	6	孔的表面粗糙度	4	每个孔>$Ra6.4$mm,扣1分		
五 工量 具使用 (2分)	1	量具选择合理,使用方法正确	1	选用、使用方法不正确每次扣0.5分		
	2	工具选择合理,使用方法正确	1	选用、使用方法不正确每次扣0.5分		
六 安全文 明生产 (3分)	1	劳保用品穿戴整齐,规范。	1	不符合要求每处扣0.5～1分。		
	2	能遵守场地及其他设备、工具的安全文明生产要求。	1	不符合要求每处扣0.5～1分。		
	3	对废油、废弃物处理正确并符合环保等特殊要求。	1	不符合要求每处扣0.5～1分。		

附表1

绘制变速箱输出轴大齿轮(52)零件草图。

			（名称）	材料	
				比例	
		工号		（图号）	
		审核			

附表 2

打标机曲轴组件的装配工艺卡		
 （详见附图五）	装配技术要求	

附表 3

问题:三角带传动是依靠什么来传递运动与动力? 张紧的方法是什么?

得分	

模拟题二

任 务 书

一、任务 1

根据变速箱部装图(资源库-附图二)和提供的零部件及以下具体要求、检测项目,选择合理的装配工艺。正确使用相关工、量具完成变速箱部件的装配与调整工作,使变速箱达到正常运转的功能(包括变速功能)。

具体要求及检测项目:

1. 用赛场提供的游标卡尺,测量输入轴上齿轮 34 的齿顶圆直径和齿根圆直径,并在附表 1 中填写测量数据,填写好数据后,参赛选手应举手示意,由裁判在附表 1 中签字确认方可有效。

2. 在装配过程中检测两啮合齿轮的啮合面宽度差,应调整为不大于两啮合齿轮厚度的 5% 为宜。

3. 各零件不错装、漏装或损坏。

4. 按变速箱部装图(资源库-附图二),把变速箱装配完全,使变速箱运行平稳、换挡灵活。

二、任务 2

根据二维工作台部装图(资源库-附图三)和提供的零部件及以下具体要求、检测项目,选择合理的装配工艺。正确使用相关工、量具完成二维工作台的装配与调整工作,使二维工作台的导轨、丝杆等达到一定的技术要求。

具体要求及检测项目:

1. 粗调靠近基准面 A 侧(磨削面)直线导轨 1 与基准面 A 的平行度。

2. 细调直线导轨 1 与基准面 A 的平行度允差≤0.02mm。自检合格后,参赛选手应举手示意,并在附表 2 中记录杠杆式百分表的测量值,由裁判签字确认。

3. 以"要求 7"中的直线导轨 1 为基准,调整另一根直线导轨,使两根直线导轨的平行度允差≤0.02mm。自检合格后参赛选手应举手示意,并在附表 2 中记录百分表的测量值,由裁判签字确认。

4. 调整轴承座垫片及轴承座使丝杠 1 两端等高,要求误差 0.05mm 以内,丝杠 1 轴线位于两直线导轨 1 的对称中心,并测量与其中一根直线导轨的平行度误差,要求在 0.04mm 以内。自检合格后,参赛选手应举手示意,并在附表 2 中记录百分表的测量值,由裁判签字确认。

5. 调整螺母支座与中滑板之间的垫片,用手轮转动丝杠,中滑板移动平稳灵活。

6. 粗调靠近基准面 B 侧(磨削面)直线导轨 2 与基准面 B 的平行度。

7. 细调直线导轨 2 与基准面 B 的平行度允差≤0.015mm。自检合格后,参赛选手应举手示意,并在附表 2 中记录测量值,由裁判签字确认。

8. 以"要求 12"中的直线导轨 2 为基准,调整另一根直线导轨,使两根直线导轨的平行度允差≤0.015mm。自检合格后,参赛选手应举手示意,并在附表 2 中记录测量值,由裁判签字确认。

9. 中滑板上直线导轨 2 与底板上直线导轨 1 的垂直度允差≤0.03mm。自检合格后,参赛选手应举手示意,并在附表 2 中记录测量值,由裁判签字确认。

10. 调整轴承座垫片及轴承座使丝杠 2 两端等高,要求误差 0.05mm 以内,丝杠 2 轴线位于两直线导轨 2 的对称中心,并测量与其中一根直线导轨的平行度误差,要求在 0.04mm 以内。自检合格后,参赛选手应举手示意,并在附表 2 中记录测量值,由裁判签字确认。

11. 调整螺母支座与上滑板之间的垫片,用手轮转动丝杠,上滑板移动平稳灵活。

12. 装配方法及步骤正确、规范;工具、量具使用正确。

13. 各零件不错装、漏装、损坏。

三、任务 3

根据分度转盘部件部装图(资源库-附图四)和提供的零部件及以下具体要求、检测项目,选择合理的装配工艺。正确使用相关工具、量具完成分度转盘部件的装配与调整工作,使分度转盘部件达到正常运转的功能。

具体要求及检测项目:

1. 在装配过程中,注意轴承的组合形式看清图纸,按分度转盘部件部装图(附图四)上的组合形式进行装配,装配轴承时方法及工具、量具使用正确。

2. 正确使用工具、量具,用压铅丝的方法完成蜗杆轴上小齿轮(二)与小齿轮(二)两啮合齿轮齿侧间隙及两啮合齿轮的啮合面宽度差的调整。使齿轮在运转过程中平稳。

3. 正确使用工具、量具,完成锥齿轮轴上大齿轮与增速轴小齿轮(齿侧间隙及两啮合齿轮的啮合面宽度差的调整。使齿轮在运转过程中平稳。

4. 各零件不错装、漏装、损坏。

5. 按分度转盘部件部装图(资源库-附图四),把分度转盘部件装配完全,使分度转盘部件运行平稳,使料盘分度准确无晃动。

四、任务 4

根据齿轮减速器部装图(资源库-附图五)及提供的零部件,按照合理的装配工艺,正确使用相关工、量具完成齿轮减速器的装配与调整工作,使其达到正常运转的功能。

具体要求:

1. 装配过程中,各零件不错装、漏装、损坏。

2. 装调完成后,齿轮减速器运行平稳、灵活。

3. 在附表 3 中简要描述齿轮减速器整个装配过程的工序步骤。

4. 在已装配、调试好的齿轮减速器中用压铅丝的方法,检测齿轮减速器部装图中的齿轮 11 和齿轮 12 之间的齿侧间隙,在附表 4 中填写测量数据后,参赛选手应举手示意,由裁判在附表 4 中签字确认方可有效。

五、任务 5

根据总装图(附图一)和提供的零部件及以下具体要求、检测项目,选择合理的装配工艺。正确使用相关工、量具完成"机械装调技术综合实训装置"的装配与调整工作,通电调试运行机械系统达到预期效果。

具体要求及检测项目：

1. 在装配及调试的过程中零部件及工、量具的摆放应整齐，分类明确。

2. 调整部件，使整个传动系统运行平稳轻巧，不允许有卡阻爬行现象。

3. 各部件配合良好及同步带、传动链张紧度合适，装配方法正确，无松动、无跳动等现象。

4. 装配调整总装图（附图一）上的同步带轮（一）和同步带轮（三）端面共面，同步带轮（二）和同步带轮（四）端面共面，08B20 链轮和 08B24 链轮端面共面，各部件配合良好及同步带、传动链张紧度合适，装配方法正确，无松动、无跳动等现象。

5. 系统运行调试应符合通用安全操作规范。

6. 运行过程中，二维工作台中 11（滑块）不能滑出直线导轨。

7. 调置变速箱，使输入轴与输出轴 1（接二维工作台的轴）正转速比为 2.4：1，使输入轴与输出轴 2（接链轮的轴）速比为 2：1。

六、任务 6

职业素养和安全操作

具体要求：

1. 遵守赛场纪律，爱护赛场设备。

2. 工位环境整洁，工具摆放整齐。

3. 具体操作均符合安全操作规程。

附表 1

序号	项 目	次数	齿顶圆直径(mm)	齿根圆直径(mm)	裁判确认(签名)
1	输入轴上齿轮 34	第 1 次			
		第 2 次			

附表 2

序号	项 目	次数	测量值 1 (最小示值)(mm)	测量值 2 (最大示值)(mm)	裁判确认(签名)
1	直线导轨 1 与基准面 A 的平行度	第 1 次			
		第 2 次			
2	两根直线导轨 1 的平行度	第 1 次			
		第 2 次			
3	丝杠 1 的等高度	第 1 次			
		第 2 次			
4	丝杠 1 与直线导轨 1 之间平行度	第 1 次			
		第 2 次			
5	直线导轨 2 与基准面 B 的平行度	第 1 次			
		第 2 次			
6	两根直线导轨 2 的平行度	第 1 次			
		第 2 次			

续表

序号	项目	次数	测量值1 (最小示值)(mm)	测量值2 (最大示值)(mm)	裁判确认(签名)
7	中滑板上直线导轨2与 底板上导轨的垂直度	第1次			
		第2次			
8	丝杠2的等高度	第1次			
		第2次			
9	丝杠2与直线导轨2 之间平行度	第1次			
		第2次			

附表3　简要描述齿轮减速器部件的拆卸装配过程的工序步骤

工序号	工序内容	使用工具

附表4

序号	项目	次数	用压铅丝的方法检测的齿侧间(mm)	裁判确认(签名)
1	齿轮减速器中齿轮 (一)(11)和齿轮(二) (12)之间	第1次		
		第2次		

参考文献

[1] 王先逵.机械装配工艺.北京:机械工业出版社,2008

[2] 徐美刚,施红岩.工程机械装配工艺技能训练.北京:中国劳动社会保障出版社,2010

[3] 周哲波,姜志明.机械制造工艺学.北京:北京大学出版社,2012

[4] 杨叔子.机械装配.北京:机械工业出版社,2012

[5] 苏慧祎.机械装配修理与实训.济南:山东科学技术出版社,2007

[6] 樊兆馥.机械设备安装工程手册.北京:冶金工业出版社,2004

[7] 王凡.实用机械制造工艺设计手册.北京:机械工业出版社,2008

[8] 刘继红,王峻峰.复杂产品协同装配设计与规划.武汉:华中科技大学出版社,2011